FORSCHUNGSBERICHTE DES LANDES NORDRHEIN-WESTFALEN

Nr. 2118

Herausgegeben im Auftrage des Ministerpräsidenten Heinz Kühn
von Staatssekretär Professor Dr. h. c. Dr. E. h. Leo Brandt

Prof. Dr.-Ing. Werner Leins
Dr.-Ing. Wolfgang Thum

Institut für Straßenwesen, Erd- und Tunnelbau,
Rhein.-Westf. Techn. Hochschule Aachen

Ermittlung und Beurteilung der Sprengbarkeit von Gestein auf der Grundlage des spezifischen Sprengenergieaufwandes

SPRINGER FACHMEDIEN WIESBADEN GMBH 1970

ISBN 978-3-663-20021-5 ISBN 978-3-663-20376-6 (eBook)
DOI 10.1007/978-3-663-20376-6

Inhalt

Vorwort

Die Sprengtechnik zählt zu jenen technischen Disziplinen, die auch heute noch weitgehend von der Empirie bestimmt sind und sich einer konstruktiven Technik mehr oder weniger entziehen. Das liegt einerseits an der besonderen Reaktionskinetik von Sprengstoffen und zum anderen an den unzureichenden Kenntnissen über den Wirkungsmechanismus beim Sprengen, insbesondere das Verhalten von Gestein unter den speziellen Beanspruchungsbedingungen einer Sprengwirkung. Für die analytische, wissenschaftlich-exakte Durchdringung des Sprengprozesses und die Erforschung der dabei in Erscheinung tretenden grundlegenden Zusammenhänge und Mechanismen ist daher die Kenntnis des Sprengverhaltens von Gestein eine wichtige Voraussetzung.
In diesem Sinne einen Beitrag zu leisten, hat sich die vorliegende Arbeit zum Ziel gesetzt.
Sie ist das Ergebnis von Untersuchungen, die am Institut für Straßenwesen, Erd- und Tunnelbau der Rheinisch-Westfälischen Technischen Hochschule in Aachen durchgeführt und durch die Förderung des Landes Nordrhein-Westfalen ermöglicht wurden, das die erforderlichen finanziellen Mittel zur Verfügung stellte. Außerdem haben das Wissenschaftliche Laboratorium der Dynamit Nobel AG, Leverkusen, das Werk Stolberg der Westdeutschen Kalk- und Portlandzementwerke AG, Stolberg, und die Dolomitwerke Wülfrath GmbH, Wülfrath, der Arbeit wertvolle Unterstützung zuteil werden lassen. Allen beteiligten Institutionen und Personen sei hierfür an dieser Stelle herzlich gedankt.

Aachen, im März 1970

Formelzeichen und Indizes

A	Arbeitsfähigkeit der Reaktionsprodukte	[cal, erg]
a	Sprengbarkeitskennwert von BONDARENKO und KULICICHIN	$[m^{-1}]$
c	Festigkeitsziffer, Materialkoeffizient	[–]
c	Wellengeschwindigkeit	[m/s]
c_L	Longitudinalwellengeschwindigkeit	[m/s]
c_D	Dehnwellengeschwindigkeit	[m/s]
c_T	Torsionswellengeschwindigkeit	[m/s]
c_p	Spezifische Wärme bei konstantem Druck	$\left[\frac{cal}{g \cdot grd}\right]$
c_v	Spezifische Wärme bei konstantem Volumen	$\left[\frac{cal}{g \cdot grd}\right]$
C	Konstante	
D	Außendurchmesser der Gesteinsproben	[mm]
d	Bohrlochdurchmesser	[m]
d	Verdämmungsfaktor	[–]
d	Stärke der Zermalmungszone	[m]
d	Korndurchmesser	[mm]
d_{ai}	Mittlerer Durchmesser der *i*-ten Kornklasse	[mm]
E	Dynamischer Elastizitätsmodul aus der Dehnwellenresonanz	$[kp/cm^2]$
E_{ges}	Gesamtenergie des Sprengstoffes	[cal]
E_{max}	Theoretisch maximal unter bestimmten Versuchsbedingungen auf das Gestein übertragbare Sprengenergie	[cal, erg]
E_n	Auf eine Probe mit der Stärke V_n übertragene Energie	[cal, erg]
E	Spannungs-Energie-Faktor (LIVINGSTON)	$[kg/m^3]^{-1/3}$
e	Brisanzfaktor	[–]
e	Spezifischer Energieaufwand	
e_m	Massebezogener Energieaufwand	[erg/g]
e_v	Volumenbezogener Energieaufwand	$[erg/cm^3]$
e_o	Oberflächenbezogener Energieaufwand	$[erg/cm^2]$
F	Fläche	$[mm^2]$
f	Festigkeitskoeffizient nach PROTODJAKONOV	[–]
f	Formfaktor von Körnungen	[–]
G	Dynamischer Elastizitätsmodul aus der Torsionswellenresonanz	$[kp/cm^2]$
H	Bohrloch- bzw. Laderaumtiefe	[m]
h	Länge der Ladung	[m]
I_o	Spannungsimpuls	$[kp\ s^{-1}\ cm^{-2}]$

I_r	Spannungsimpuls zur Einleitung des Bruches	[kp s^{-1} cm^{-2}]
k	Konstante	
L	Länge der Gesteinsprobe	[mm]
l_0	Länge der natürlichen Risse eines Mediums	[cm]
M	Sprengstofflademenge	[kg]
m	Masse	[mol]
m	Konstante	
n	Anzahl	
o	Spezifische Oberfläche	[cm^2/g, m^2/kg]
O_K	Geometrische Oberfläche	[m^2/kg]
P	Druck	[kp/cm^2]
P	Belastung	[kp]
P_{pr}	Aufsprengbarkeit nach DAVYDOV	[dm^3/kg]
P_K	Kontaktfestigkeit nach GLATMANN	[kp/mm^2]
Δp	Druckanstieg bei der Detonation im Sprengkessel	[kp/cm^2]
Q	Explosionswärme, Gesamtenergie	[cal]
q	Spezifischer Sprengstoffaufwand	[kg/m^3]
q	Restwärme der Reaktionsprodukte bei 1 at	[cal]
R	Entfernung vom Ladungsmittelpunkt	[cm]
r	Ladungshalbmesser	[cm]
$\bar{r}$	Bezogene Entfernung (R/r_0)	[–]
ΔR_i	Massenanteil der i-ten Kornklasse	[%]
S	Sprengbarkeitskennwert von FRAENCKEL	[–]
S	Ausbruchfläche	[m^2]
T	Temperatur	[°C]
ΔT	Temperaturanstieg bei der Detonation im Sprengkessel	[°C]
u	Bohrlängenaufwand, Gesamtbohrlochlänge je m^3 Ausbruch	[m/m^3]
V	Volumen des Sprengkessels	[m^3]
V_n	Probenstärke, -radius	[mm]
V_1	Kratervolumen bei MAKHIN u.a.	[l]
V_0	Ladungsvolumen bei MAKHIN u.a.	[l]
V_K	Volumen, das beim Kesseln entsteht	[dm^3]
v_1	Spezifisches Volumen der Reaktionsprodukte bei 1 at	[cm^3/g]
v_2	Spezifisches Volumen der Reaktionsprodukte im Explosionszustand	[cm^3/g]
v_D	Detonationsgeschwindigkeit	[m/s]
Δv	Geschwindigkeits- bzw. Schergefälle	$\left[\frac{m/s}{m}\right]$
W	Vorgabe eines Schusses	[m]
γ	Spezifische Oberflächenenergie	[erg/cm^2]
η_K	Wirkungsgrad der übertragenen Zerstörungsenergie	[–]
$\eta_ü$	Wirkungsgrad der Sprengenergieumwandlung	[–]

ϱ_{Sp}	Sprengstoffdichte	[g/cm³]
ϱ_G	Gesteinsdichte	[g/cm³]
ϱ_K	Stoffdichte	[g/cm³]
$\varrho_{Sp} \cdot v_D$	Sprengstoffimpedanz	$\left[\frac{dyn/cm^2}{cm/s}\right]$
$\varrho_G \cdot c_L$	Schallimpedanz des Gesteins	$\left[\frac{dyn/cm^2}{cm/s}\right]$
$\varkappa$	Verhältnis der spezifischen Wärmen	[–]
μ	Poissonsche Zahl	[–]
μ	Viskositätskoeffizient von MAKHIN und KARCHEVSKII	[–]
σ_D	Druckspannung, Druckfestigkeit	[kp/cm²]
σ_Z	Zugspannung, Zugfestigkeit	[kp/cm²]

1. Einleitung

Die Sprengbarkeit von Gestein und Gebirge gehört zu den wichtigsten technischen Gesteinseigenschaften überhaupt, und ihre Erforschung bildet seit langem ein zentrales Problem der praktischen und theoretischen Sprengtechnik. Überall, wo die Gewinnung von Gesteinen oder die Herstellung von Baugruben, Einschnitten und unterirdischen Hohlräumen – sei es im Bergbau, Stollen- oder Tunnelbau, sei es im Tagebau, Steinbruch, Tief- oder Felsbau – mit Hilfe von Sprengstoffen betrieben wird, entsteht die Frage nach dem geeigneten Sprengstoff und dessen zweckmäßiger Anordnung im Gebirgskörper zur technischen und wirtschaftlichen Optimierung des Sprengerfolges. Eine befriedigende Lösung dieses Problems ist nicht möglich ohne die Kenntnis des Wirkungsmechanismus zwischen dem »Werkzeug« Sprengstoff und dem »Werkstoff« Gestein.

Die Bestrebungen, diesen Wirkungsmechanismus qualitativ und quantitativ zu erfassen, zu analysieren und einer konstruktiven Technik zugänglich zu machen, sind so alt wie die Anwendung von Sprengstoffen in der Sprengtechnik an sich. Die ersten Gedanken und Überlegungen zum Sprengvorgang und der Sprengwirkung gehen – soweit nachweisbar – auf den französischen Kriegsingenieur Vauban im 17. Jahrhundert zurück. Ihm wird die fundamentale Erkenntnis zugeschrieben, daß das Gewicht der Ladung dem zu zerkleinernden Gebirgsvolumen direkt proportional ist. Dieser Zusammenhang bildete die Grundlage einer ersten sogenannten Minentheorie und wurde später auch in die Theorie der Sprengtechnik übernommen.

Im weiteren Verlauf wurden zahlreiche Versuche unternommen, diesen Grundzusammenhang durch Quantifizierung von Proportionalitätsfaktoren zu präzisieren. Wenn es trotzdem nicht gelang, befriedigende und allgemeingültige Zusammenhänge und Abhängigkeiten zu finden und mathematisch zu formulieren, dann liegt dies an dem damaligen Erkenntnisstand von Wissenschaft und Technik. Die konventionellen sprengtheoretischen Vorstellungen von den Vorgängen bei einer Sprengung unterstellten einheitliche, immer gleichbleibende und voneinander unabhängige Mechanismen und bezogen den Sprengerfolg hauptsächlich auf verfahrenstechnische Parameter einer Sprengung. Den Werkstoff- bzw. Gesteinseigenschaften und ihren Auswirkungen auf den Sprengvorgang wurde relativ wenig Aufmerksamkeit gewidmet, obwohl das Sprengverhalten des Gesteins rein qualitativ als maßgeblicher Faktor für den Sprengerfolg und als wichtiges Konstruktionselement bei der Anlage von Sprengungen erkannt und auch allgemein anerkannt wurde. Dies liegt zum Teil daran, daß es wegen der außerordentlich großen Schnelligkeit des Sprengvorganges und der Größe der sich dabei ausbildenden Kräfte bisher nicht gelang, die verschiedenen Wirkungsphasen einer Sprengung in ihrer Gesamtheit mit den Mitteln und Möglichkeiten der konventionellen Meßtechnik zu erfassen, qualitativ und quantitativ zu analysieren sowie die Gesteinseigenschaften, die das Sprengverhalten von Gestein bestimmen, zu ermitteln. Unter den speziellen Bedingungen der explosiven Einwirkung scheinen verschiedene physikalische, petrografische und technologische Gesteinseigenschaften als Einflußfaktoren eine Rolle zu spielen. So wurde zwar immer wieder versucht, die Sprengbarkeit auf gewisse Elementareigenschaften der Gesteine wie Druckfestigkeit, Härte, Zähigkeit, Elastizität, Mineralzusammensetzung und dergleichen zu beziehen; absolute, physikalisch-exakt formulierbare Parameter konnten jedoch nicht gefunden werden, so daß in Theorie und Praxis auch heute noch viele Begriffe und relative Kennwerte wie spezifischer Sprengstoffverbrauch, Bohrbarkeit, Bohrgeschwindigkeit, Druckfestigkeit u. a. Widerstands- und Zähigkeitsfaktoren synonym für den Begriff der Sprengbarkeit verwendet werden.

2. Aufgabenstellung und Konzeption der Arbeit

In der vorliegenden Arbeit soll das Verhalten von Gestein unter Sprengeinwirkung untersucht werden mit dem Ziel, die Sprengbarkeit von Gestein als einen selbständigen Begriff und eine charakteristische Gesteinsgröße zu erarbeiten und in absoluten Einheiten des physikalischen Maßsystems zu quantifizieren.
Ausgehend von den aus der Praxis und der sprengtechnischen Literatur bekannten empirischen, technologischen, experimentellen und physikalisch-mechanischen Sprengbarkeitsbegriffen wird der Vorgang und Ablauf einer Sprengung auf der Grundlage des derzeitigen technisch-wissenschaftlichen Erkenntnisstandes untersucht und als differenzierter Wirkungsmechanismus analysiert, wobei von der thermodynamisch-hydrodynamischen Theorie der Detonation und den neuzeitlichen Vorstellungen vom physikalischen Charakter der Gesteinszerstörung unter Belastungsbedingungen, die denen einer Sprengung entsprechen, ausgegangen wird. Unter Berücksichtigung dieser Überlegungen und Vorstellungen werden die konventionellen Sprengbarkeitsbegriffe gedeutet und beurteilt sowie durch die energetische Bewertung der verschiedenen Wirkungselemente beim Sprengen im spezifischen Sprengenergieaufwand ein neuer Sprengbarkeitsbegriff entwickelt und begründet, der für den gesamten Sprengmechanismus eine einheitliche Bezugsbasis gestattet.
Das Kernproblem des experimentellen Teiles der Arbeit bestand darin, ein Verfahren zu entwickeln, das die meßtechnische Erfassung dieses Sprengbarkeitskennwertes gestattete. Dafür bot sich ein von MALLARD und LE CHATELIER konzipiertes Energiemeßverfahren an, das in Verbindung mit den Möglichkeiten der modernen – vorwiegend elektronischen – Meßtechnik die Voraussetzung schuf, einerseits die Leistungsfähigkeit hochbrisanter Sprengstoffe in Form der Gesamtenergie oder Explosionswärme und andererseits den Sprengwiderstand bzw. die Sprengbarkeit von Gestein als Energieverbrauch zum Sprengen zu messen.
Da der Energieaufwand beim Sprengen von Gestein ohne Einbeziehung des Sprengerfolges kein absolutes Vergleichskriterium zur Beurteilung der Sprengbarkeit darstellt, war als weitere Aufgabe die Frage zu klären, in welchem Umfange die aufgewendete Energie wirksam werden kann, d. h. wie der Sprengerfolg physikalisch definiert und gemessen werden kann. Die theoretische Seite des Problems konnte in Anlehnung an die Zerkleinerungstechnik und -physik insofern gelöst werden, als die beim Sprengen erzielte Oberflächenzunahme des Sprengobjektes das Kriterium für den Sprengerfolg darstellt. Die experimentelle Lösung dieses Problems setzt voraus, daß die bei der Sprengung entstehenden und weggeschleuderten Gesteinstrümmer aufgefangen werden können, bevor sie durch Aufschlagen oder Aufprallen im Auffangbehälter eine vom Sprengeffekt unabhängige Nachzerkleinerung erfahren. Für diesen Zweck wurde eine Sprengzerlegungsanlage entwickelt, mit der die Gesteinstrümmer ohne Nachzerkleinerung aufgefangen und wiedergewonnen werden können. Durch Oberflächenmessungen wurden die spezifischen Oberflächen der beim Sprengen entstandenen Körnungen gemessen.

Bezieht man den Energieverbrauch beim Sprengen auf die dabei neugebildete Oberfläche, dann erhält man mit dem oberflächenspezifischen Energieaufwand einen Gesteinskennwert, der in qualitativer und quantitativer Hinsicht im Sinne dieser Arbeit die Grundlage für die Beurteilung des Sprengverhaltens von Gestein und den Maßstab für die Klassifizierung der Sprengbarkeit bildet.

3. Die Beurteilung und Kennzeichnung der Sprengbarkeit von Gestein in der Literatur

3.1 Empirisch-technologische Kennwerte

Die Bewertung und Einteilung von Erd- und Felsmassen ist ein Problem, dessen Lösung schon unter den verschiedenartigsten Gesichtspunkten und Einteilungskriterien versucht wurde. Dabei zeigte sich, daß mineralogische und geologische Eigenschaften für technische, ingenieurmäßige Zwecke keine ausreichende Beurteilungsgrundlage darstellen können. Andererseits waren wegen der Schwierigkeit ihrer Einschätzung und Ermittlung nur wenige definierbare physikalisch-mechanische Eigenschaften des Gebirges, wie sein Festigkeits-, Formänderungs- und Bruchverhalten, bekannt, so daß man sich in der Vergangenheit bei der Beurteilung und Klassifizierung des Gebirges vielfach auf Einteilungskriterien aus dem jeweiligen technischen Erfahrungsbereich und die Angabe rein qualitativer Merkmale und Eigenschaften wie z. B. standfest, nachbrüchig, druckhaft, bohrbar, sprengbar, gewinnbar, zäh, spröde, hart und dergleichen mehr beschränkte [101].
Besondere Bedeutung kam in diesem Zusammenhang – zunächst für den Bergbau, später auch für den Stollen- und Tunnelbau sowie andere Gewinnungsbetriebe – der Einteilung nach der Gewinnbarkeit zu, die zur Grundlage vieler Planungen, Normen und Verfahrenstechniken wurde. Als Gewinnbarkeit oder Gewinnungsfestigkeit wird dabei der Arbeitsaufwand bezeichnet, der zum Lösen einer bestimmten Bergart aus ihrem Verband notwendig ist. Soweit bekannt, stellte als erster WERNER [136] eine Gebirgsklassifikation nach der Gewinnbarkeit auf, wobei er die Art der Gewinnung und die Intensität des Widerstandes, die Gestein der Lösung durch bergmännische Werkzeuge entgegensetzt, als Beurteilungsmaßstab wählte.
Als im weiteren Verlauf der technischen Entwicklung der Sprengstoff als »Gewinnungswerkzeug« hinzukam, ergab sich daraus eine einfache Unterscheidung, und zwar zwischen Gesteinen, die mit und solchen, die ohne Verwendung von Sprengstoffen gewonnen werden konnten.
Darauf aufbauend entwickelte F. v. RZIHA [137] die bekannte und von zahlreichen Ingenieurgeologen [76, 136, 164, 173 u. a.] übernommene oder modifizierte Gebirgsklassifikation, die unterscheidet zwischen Schußgestein, Brechgestein, Haugestein und Stichgestein. RZIHA [137] und andere [17, 76, 136, 137, 139, 164, 173] haben diese Gliederung später verfeinert, indem sie die Zuordnung der einzelnen Gesteinsarten in verschiedene Gruppen auf der Grundlage der bei der Loslösung von Massen aus ihrem natürlichen Verband aufzuwendenden Arbeit vornahmen, so daß Gebirgsklassifikationen der in der Anlage 1 dargestellten Art entstanden.
Es ist klar, daß es sich bei derartigen Angaben nur um sehr rohe und allgemeine Abgrenzungen handeln kann, die für die Beschreibung und Abschätzung des Material-

verhaltens oder gar des Sprengverhaltens von Gestein wenig geeignet sind. Aus diesem Grunde wurde schon frühzeitig versucht, das unterschiedliche Sprengverhalten verschiedenartiger Gesteine durch Kennwerte zu bewerten, die die spezifischen Bedingungen einer Sprengung bei ihrer Ermittlung berücksichtigen.

Ausgehend von der klassischen Vaubanschen Sprengformel

$$M = c \cdot W^3, \tag{1}$$

die eine lineare Proportionalität zwischen der Ladungsmasse M in [kg] und dem Ausbruchvolumen W^3 in [m^3] (W = Überlagerung oder Vorgabe in [m]) unterstellt, wurde in dem Proportionalitätsfaktor c ein Parameter erhalten, der bei gleichartigen Sprengungen den Einfluß des unterschiedlichen Sprengverhaltens der Gesteine impliziert. Obwohl es sich dabei um einen rein empirischen, dimensionslosen Multiplikationsfaktor handelt, hat er als Materialkoeffizient oder Festigkeitsziffer – von Bendel [17, 18] als »Verhältnis von Festigkeit der Masse zur Kraft des Sprengstoffes« bezeichnet – Eingang in die Sprengvorschriften bzw. Mineurreglemente verschiedener Länder und Verbreitung in der militärischen Sprengtechnik gefunden. Die im Laufe der Zeit gefundenen Erfahrungswerte des Faktors c verschiedener Sprengmedien liegen je nach Festigkeit des Gebirges zwischen 3,0 und 7,0 für zerklüfteten, mittelharten bis kompakten Fels [157, 175].

Da das Ziel der militärischen Sprengtechnik die absolut zuverlässige Zerstörung des Sprengobjektes ohne Rücksicht auf Nebenwirkungen ist, können die bei militärischen Sprengungen gefundenen Materialkoeffizienten bei unterirdischen Gewinnungstechnologien mit Sprengstoffen, wo es auf ein technisch und wirtschaftlich optimales Sprengergebnis wie Abtrennung, Auflockerung, Zerkleinerung und dergleichen möglichst unter Vermeidung unerwünschter Nebenwirkungen ankommt, nicht angewendet werden. Die deutsche und österreichische Sprengvorschrift für das Heereswesen empfahlen daher eine Reduktion der militärischen oder sogenannten Zerstörungsladungen auf $^1/_3$ bis $^1/_8$, im Mittel auf $^1/_5$ für die Bemessung der in der zivilen Sprengtechnik üblichen, sogenannten Erschütterungsladungen mit vorwiegender Rißbildung [17, 18]. In der Anlage 2 sind einige Beispiele der Klassifizierung der Sprengbarkeit von Gestein auf Grund des Materialkoeffizienten bei bergmännischen Ladungen zusammengestellt.

Aus der expliziten Form der Gl. (1) erhält der Materialkoeffizient c die resultierende Dimension [kg/m^3], weshalb er auch vielfach als »spezifischer Sprengstoffaufwand« mit dem Ausdruck q bezeichnet wird. Der zahlenmäßige Wert des spezifischen Sprengstoffaufwandes ergibt sich aus der Sprengstoffmasse in [kg], die für das Lösen eines bestimmten Gesteinsvolumens in [m^3] benötigt wird. Neben anderen Einflußfaktoren bestimmt hauptsächlich das Sprengverhalten der Gesteine den spezifischen Sprengstoffverbrauch; er wird daher sehr oft zum Maßstab für die Beurteilung der Sprengbarkeit der Gesteine gewählt.

Eine erste – später von F. v. Rziha [136] übernommene – Klassifikation dieser Art stellte – soweit bekannt – Gurlt [60] auf, indem er »... für gewisse Gesteinsgattungen die gebrauchten Pulvermassen nebeneinanderstellte«. Auch Bendel [17] und Fjodorov [45] beurteilen die Sprengbarkeit der Gesteine nach deren spezifischem Sprengstoffverbrauch, wobei sich Bendel auf Erfahrungen im Stollen- und Tunnelbau bezieht (Anlage 3), während die von Fjodorov angegebenen Werte einer in der Sowjetunion gebräuchlichen Einheitsklassifikation der Gesteinsarten nach ihrer Sprengbarkeit bei bergmännischen Ladungen entsprechen (Anlage 4).

Da der spezifische Sprengstoffaufwand nicht nur von dem Materialverhalten, sondern auch von anderen Faktoren wie Verspannungsgrad der Ladung, Art, Verteilung und

Wirkungsweise des eingesetzten Sprengstoffes, Art und Intensität der Verdämmung und dergleichen abhängt, ist er als Maßstab zur Beurteilung der Sprengbarkeit von Gestein nur geeignet, wenn bei seiner Ermittlung immer die gleichen Bedingungen vorgelegen haben. Dieser Erkenntnis trägt ein Verfahren Rechnung, von dem ZSCHOKKE [175] und LARES [82] berichten. Dabei wird die Sprengbarkeit der Gesteine a priori aus Probeschüssen unter festgelegten Versuchsbedingungen ermittelt, wobei die folgende Skala des spezifischen Sprengstoffverbrauches als Beurteilungsgrundlage diente.

Schwer schießbares Gestein, äußerst fest	$q = 1{,}0–1{,}4$ kg/m³
Schwer schießbares Gestein, sehr fest	$q = 0{,}8–1{,}0$ kg/m³
Mittelschwer schießbares Gestein, fest	$q = 0{,}5–0{,}7$ kg/m³
Mittelschwer schießbares Gestein, mittelfest	$q = 0{,}3–0{,}45$ kg/m³
Leicht schießbares Gestein, wenig fest	$q \geqq 0{,}25$ kg/m³

Einen anderen Ausdruck als Synonym für die Sprengbarkeit von Gestein definiert LARES [82] in dem sogenannten Gesteinswiderstandsfaktor *f*. Der Gesteinswiderstands- oder Festigkeitsfaktor ist »... das Gesteinswiderstands-(Festigkeits-)Verhältnis zu einem Vergleichsgestein ...«, dessen Wertigkeit »... sich empirisch aus der Wiederholung gleicher Sprengfälle bestimmen ...» läßt. Den Gesteinswiderstandsfaktor 1 erhält das Gestein, dessen sogenannter Sprengmittelnormalaufwand gleich 1 kg/m³ ist wie bei feinkörnigem Granit mit einer Druckfestigkeit von 2000 kp/cm², wobei der Sprengmittelnormalaufwand – ähnlich wie oben – aus Probeschüssen unter festgelegten Bedingungen bestimmt wird. Da die Ermittlung des Sprengmittelnormalaufwandes im Einzelfall sehr schwierig ist, wird als Vergleichsmaßstab die Druckfestigkeit gewählt und eine direkte Proportionalität zwischen Druckfestigkeit, Sprengmittelnormalaufwand bzw. Gesteinswiderstandsfaktor und somit der Sprengbarkeit unterstellt. Für ein Gestein mit einem anderen Sprengmittelnormalaufwand als 1 kg/m³ ergibt sich der entsprechende Gesteinswiderstandsfaktor aus dem Verhältnis seiner Druckfestigkeit zur Druckfestigkeit des Vergleichsgesteins, die per definitionem gleich 2000 kp/cm² ist. In der Anlage 5 sind die von LARES [82], BENDEL [17, 18], OHNESORGE [106] und WEICHELT [159] gesammelten Gesteinswiderstandskennwerte und die entsprechende Sprengbarkeitsklassifikation enthalten.
Die Schweden FRAENCKEL [49], LANGEFORS [81] und KIHLSTRÖM [80] fanden empirisch durch Auswertung von Ergebnissen praktischer Sprenguntersuchungen einen Gesteinskennwert, den sie als »spezifisches Maß für den Widerstand des Gesteins gegen Sprengung« mit dem Ausdruck S bezeichnen und der eine Funktion der maximalen Vorgabe $W_{\max}$, der Bohrlochtiefe H, der Länge der Ladung h und des Bohrlochdurchmessers d nach folgender Beziehung ist:

$$S = \frac{50 \cdot W_{\max}}{H^{0,3} \cdot h^{0,3} \cdot d^{0,8}} \tag{2}$$

Für die Ermittlung des Sprengbarkeitskennwertes S werden auch hier einheitliche Versuchsbedingungen festgelegt. Die gefundenen Werte liegen für schwedische Gesteinsarten bei $0{,}4 \pm 15\%$.
Ansätze für die Beurteilung der Sprengbarkeit von Gestein finden sich auch in den empirischen Beziehungen, die PEELE [114], LIVINGSTON [85, 86, 87] und DOW CHEMICAL & CO. [55] aus Kratersprengversuchen abgeleitet haben. LIVINGSTON berücksichtigt in der von ihm entwickelten »Kratervolumengleichung« die Eigenschaften des Sprengstoffes und des Gebirges bzw. deren kombinierte Wirkung auf das Sprengergebnis

durch einen Proportionalitätsfaktor, den sogenannten Spannungs-Energie-Faktor E mit der resultierenden Dimension $\left(\frac{1}{\text{kg/m}^3}\right)^{1/3}$, dessen zahlenmäßiger Wert je nach den Gesteinseigenschaften zwischen 1,70 und 4,35 liegt [13, 55, 85].

Ein Versuch, die Sprengbarkeit von Gestein hauptsächlich für den praktischen Gebrauch beim unterirdischen Streckenvortrieb zahlenmäßig festzulegen, ist aus der jüngsten russischen Literatur bekanntgeworden. Bondarenko und Kulicichin [9] vom Moskauer Geologischen Forschungsinstitut haben bei der Auswertung von mehr als 1500 Sprengungen empirisch die Beziehung

$$a = u\sqrt{S} \tag{3}$$

gefunden. In dieser Formel bedeuten u der spezifische Bohrlängenaufwand in m/m³ (Gesamtbohrlochlänge bezogen auf 1 m³ Ausbruch) und S die Ausbruchfläche in m². »a« ist ein Sprengbarkeitskoeffizient und eine spezifische Gebirgskenngröße mit der Dimension [1/m]. Sie impliziert in dem gegebenen Zusammenhang nach Ansicht der Autoren indirekt über den Bohrlängenaufwand u und den Ausbruchquerschnitt S den Gebirgswiderstand, den angestrebten Zerkleinerungsgrad sowie die Gesamtheit der geologischen und technologischen Einflußgrößen und stellt somit einen ausreichend genauen und charakteristischen Kennwert für das Sprengverhalten von Gebirge dar. In der Anlage 6 sind für einige Gesteinsarten die Werte von a wiedergegeben.

3.2 Prüftechnische und mechanische Kennwerte

Es fehlte nicht an Versuchen, die Sprengbarkeit von Gestein durch prüftechnische Methoden zu erfassen und zu bewerten. Glatmann [54] schlägt – aufbauend auf Arbeiten von Baron [11] und Sreiner [152] – ein Verfahren vor, bei dem die »Widerstandsfähigkeit von Gesteinen gegen verschiedene Arten der mechanischen Zerstörung« ermittelt wird, indem ein Stempel in die unbearbeitete natürliche Oberfläche einer Gesteinsprobe hineingedrückt wird. Aus der Belastung im Augenblick des Probenbruches, der Zahl der Versuche und der Grundfläche des Stempels wird als Maß der Widerstandsfähigkeit die sogenannte Kontaktfestigkeit bestimmt. In der Anlage 7 ist die Ermittlung der Kontaktfestigkeit und die darauf aufbauende systematische Gesteinsklassifikation neben einigen Kontaktfestigkeitswerten verschiedener Gesteine wiedergegeben.

Ein Verfahren, das den Bedingungen der praktischen Sprengtechnik näherkommt, wendet Davydov [34] an. Bei Kesselsprengungen in situ ermittelt er die sogenannte Aufsprengbarkeit als Verhältnis der kesselförmigen Erweiterung desLaderaumes nach dem Sprengen und dem Gewicht der Kesselladung. Das Verfahren ist vergleichbar mit der Trauzlschen Bleiblockmethode, wo auf ähnliche Art die Sprengkraft von Sprengstoffen ermittelt wird. In den Anlagen 8 und 9 sind die von Davydov erfaßten Werte der Aufsprengbarkeit wiedergegeben. Interessant ist, daß neben einer primären Klassifikation der Gesteine nach ihrer Aufsprengbarkeit in einer sekundären Klassifikation eine weitere Unterscheidung der Gesteinsarten vorgenommen wird. Grundsätzlich wird zwischen verfestigten, halb verfestigten und nicht verfestigten Gesteinsarten unterschieden. Bei den verfestigten Gesteinsarten soll der Grad der Vorzertrümmerung, bei den halbverfestigten die Zähigkeit und bei den nicht verfestigten Gesteinsarten der Wasser- und Kaolin- bzw. Sandgehalt verantwortlich für die unterschiedliche Aufsprengbarkeit sein.

Eine ähnliche Methode benutzen Makhin und Karchevskii [89] zur Bestimmung

eines weiteren Sprengbarkeitskennwertes, des sogenannten Viskositätskoeffizienten, den sie bei Kratersprengungen bestimmen und der mit dem Sprengverhalten von Gestein in engem Zusammenhang stehen soll (siehe Anlage 10).
Von den Elementareigenschaften der Gesteine ist es hauptsächlich die Druckfestigkeit, die immer wieder zur Beurteilung der Sprengbarkeit herangezogen wird. LARES [82] findet, daß der Gesteinswiderstand gegen mechanische Zerstörung in der Bohrgeschwindigkeit zum Ausdruck kommt, diese aber umgekehrt proportional der Druckfestigkeit sei. Daraus apostrophieren BENDEL, WEICHELT und OHNESORGE einen direkten Zusammenhang zwischen Gesteinswiderstand beim Sprengen und Druckfestigkeit (siehe Anlage 5). Auch die von FJODOROV [45] gebrachte sowjetrussische Einheitsklassifikation der Gesteinsarten (Anlage 4) steht in engem Zusammenhang mit der Druckfestigkeit der Gesteine, wie aus der Proportionalität zwischen spezifischem Sprengstoffverbrauch bzw. Sprengbarkeit und dem Festigkeitskoeffizienten f nach PROTODJAKONOV ($f = \text{Druckfestigkeit} \cdot 10^{-2}$) hervorgeht. Dies zeigt auch der Zusammenhang in Abb. 1*, der auf russischen Erfahrungen beruht.
Auch WILD und RUEGER [169] kommen in einer jüngeren deutschen Untersuchung zu dem Schluß, daß »die Druckfestigkeit ... in gewissem Umfange als Maßstab für die Schießbarkeit eines Gesteins geeignet« ist. Sie gründen ihre Ansicht auf die Tatsache, daß der spezifische Sprengstoffaufwand und der Abschlagswirkungsgrad – als Synonyma für die Sprengbarkeit – der Druckfestigkeit direkt proportional sind (Abb. 2).
Entgegen diesen Feststellungen ist nach DAVYDOV [34] »... in der Praxis kein Zusammenhang zwischen dem Sprengstoffverbrauch (charakteristisch für die Sprengbarkeit der Gesteine) und dem Festigkeitskoeffizienten des Gesteins nach PROTODJAKONOV beobachtet worden«. Auch das Vorhandensein eines Zusammenhanges zwischen der Bohrbarkeit und der Sprengbarkeit, der vielfach konstruiert wird, »... kann man sich nur schwer vorstellen«.
Nach DAVYDOV [34] und MAKHIN u.a. [89] sind bei der Sprengung hauptsächlich zwei Arten von Widerständen zu überwinden: der Zusammenhalt des Gesteinsverbandes und der Trägheitswiderstand des Mediums. Für die Verbandsfestigkeit sei das Produkt aus Gesteinsfestigkeit und Viskosität maßgebend, das mangels absoluter Werte aus dem Festigkeitskoeffizienten nach PROTODJAKONOV und dem Viskositätskoeffizienten (Anlage 10) gebildet wird. Dagegen hängt der Trägheitswiderstand beim Sprengen maßgeblich vom spezifischen Gewicht des Mediums ab. Daraus schließen DAVYDOV und MAKHIN, daß die Gesteinsfestigkeit, ausgedrückt durch die Druckfestigkeit, die Viskosität, die größenordnungsmäßig der Poissonzahl entspräche, und das spezifische Gewicht die wichtigsten Kriterien zur Beurteilung der Sprengbarkeit seien.
Schließlich ist noch der Hinosche Sprengbarkeitskoeffizient – »Blastibility Coefficient« – zu erwähnen, der aus dem Verhältnis zwischen Druck- und Zugfestigkeit gebildet wird. Er entspricht den Vorstellungen der Stoßwellenreflektionstheorie, wonach die sich beim Sprengen ausbreitende Druckspannungswelle an einer freien Fläche als Zugspannungswelle reflektiert wird und das Gestein in den Abschnitten bricht, wo die effektive Zugspannung, d. h. die Differenz zwischen Zugwellenintensität und noch vorhandener Kompression, die Zugfestigkeit, die in der Regel nur einen Bruchteil der Druckfestigkeit ausmacht, überschreitet [70, 71].
Die Zusammenfassung der bisherigen Überlegungen führt zu dem Schluß, daß trotz der Vielzahl empirischer Sprengbarkeitskennwerte eine einheitlich-exakte und mit den wissenschaftlichen Erkenntnissen in Einklang stehende Beurteilungs- und Bewertungsgrundlage für das Sprengverhalten von Gestein noch fehlt. Aus diesem Grunde sollen

* Die Abbildungen stehen im Anhang ab Seite 89.

zunächst die Vorgänge und Mechanismen bei einer Sprengung analysiert und die relevanten Einflußfaktoren erarbeitet werden, um daraus einen Sprengbarkeitsbegriff abzuleiten, der physikalisch definierbar ist und absolute Gültigkeit besitzt.

4. Der gegenwärtige sprengtechnische Erkenntnisstand

4.1 Der Wirkungsmechanismus von Sprengstoffen

Sprengstoffe sind Substanzen, die sich plötzlich unter Freisetzung von Wärme und Bildung eines großen Volumens gasförmiger Reaktionsprodukte (Schwaden) umsetzen können. Findet die chemische Umsetzung in Verbindung mit einem physikalischen Stoßvorgang statt, dann heißt diese Erscheinung Detonation. Die chemischen und physikalischen Vorgänge bei der Detonation von Sprengstoffen sind experimentell in vielen Details und theoretisch weitgehend erforscht. Danach ist die Deutung der Vorgänge bei der Sprengstoffumsetzung nach der hydrodynamisch-thermodynamischen Detonationstheorie als gesichert anzusehen, so daß sich folgende Vorstellung vom Detonationsvorgang durchgesetzt hat [32, 33, 43, 132, 141, 161].

Wirkt auf ein chemisches System, das zur Freisetzung von Wärme und Energie fähig ist, ein Stoß oder Schlag ein, der so kräftig ist, daß er die chemische Trägheit dieses Systems – seine Stabilität – überwindet, dann löst diese Stoß- oder Schlageinwirkung in der Auftreffschicht die Umsetzung aus. Die bei der Umsetzung freiwerdende Umsetzungsenergie unterstützt den Stoß durch Vorerwärmung und Komprimierung der unverbrannten Sprengstoffmasse energetisch, so daß sich dieser zum Detonationsstoß akkumuliert, dessen besonderes Kennzeichen eine starke, mit Überschallgeschwindigkeit die unverbrannte Sprengstoffsubstanz durchlaufende und mit dessen chemischer Umsetzung verbundene Diskontinuität bezüglich Druck und Temperatur ist. Somit charakterisiert sich der Vorgang der Detonation als ein hydrodynamischer Verdichtungsstoß, gekoppelt mit einer thermodynamischen Umsetzung. Der Bereich, in dem sich dieser Vorgang abspielt, ist die Reaktionszone, die durch die Detonationsfront einerseits und die sogenannte Chapmann-Jouget-Ebene (CJ-Ebene) – einem Zustand mit thermochemisch bedingtem Fließgleichgewicht – andererseits begrenzt wird. Vor der Detonationsfront befindet sich der Sprengstoff unter den ursprünglichen Temperatur- und Druckbedingungen, hinter der CJ-Ebene stehen im Explosionsraum die hochgespannten, heißen Reaktionsprodukte – die Schwaden – an. In der Reaktionszone, deren Breite einige Millimeter bis Zentimeter betragen kann, findet die für eine Sprengung nutzbare Energieumsetzung statt. Die Reaktionszeit für die bis zu den Endprodukten verlaufende detonative Umsetzung des Sprengstoffes liegt in der Größenordnung von Mikrosekunden; entsprechend groß ist die Ausbreitungsgeschwindigkeit der Reaktionszone – die Detonationsgeschwindigkeit –, die je nach den physikalischen und chemischen Eigenschaften des Sprengstoffes etwa zwischen 1500 und 9000 m/sec variiert. Bei chemisch einheitlichen Sprengstoffen verläuft die Reaktion extrem schnell, und die gesamte freiwerdende Energie trägt zur Ausbreitung der Detonation bei; die Detonationsgeschwindigkeit stellt sich auf einen konstanten, maximalen, für den Sprengstoff charakteristischen Wert ein; man spricht in diesem Fall von einem idealen Detonationsverlauf. Die meisten gewerblichen Sprengstoffe sind jedoch Mischsprengstoffe mit Komponenten unterschiedlicher Sensibilität. Der Reaktionsverlauf dieser Sprengstoffe ist differenzierter, insbesondere da nur ein Teil der Energie zur Ausbreitung der Detonation beiträgt bzw. die Detonationsfähigkeit auf den Sensibilator beschränkt ist. Die Kennzeichen eines derartigen nicht idealen Detonationsverlaufes – von AHRENS [1] als selektive Detonation bezeichnet – sind: breitere Reaktionszone, relativ lange Reaktionszeit sowie verminderte Detonationsgeschwindigkeit, die von einer Reihe innerhalb und außerhalb des Sprengstoffes liegender Einflüsse – insbesondere von Dichte, Körnung und Durchmesser der Ladung – abhängt [2, 7, 8, 14, 27, 32, 43, 65, 113, 131, 161 u. a.].

Auf der Grundlage des dargestellten Umsetzungsmechanismus von Sprengstoffen lassen sich zwei reaktionskinetisch wichtige Wirkungsphasen unterscheiden: eine erste, primäre oder Detonationsphase, in der die sensibleren Sprengstoffkomponenten sich detonativ umsetzen, und eine zweite, sekundäre oder nachdetonative Phase, in der innerhalb der expandierenden Gase eine Spätreaktion der restlichen Sprengstoffkomponenten stattfindet.

Nach übereinstimmenden Angaben maßgebender Autoren kann man davon ausgehen, daß der durch den dynamisch wirkenden Detonationsstoß erzeugte Detonationsdruck in einer Größenordnung von etwa 10^5 at bei einer Wirkungsdauer von etwa 10^{-6} s liegt. Die hinter der Reaktionszone anstehenden heißen Schwaden bilden sich als thermodynamischer oder Gasdruck aus, dem eine länger dauernde, mehr schiebende und drückende Wirkung entspricht. Im Gegensatz zum Detonationsdruck liegt der Gasdruck mit etwa 10^4 at eine Größenordnung tiefer, seine Einwirkungszeit kann jedoch relativ lange – 10^{-4} bis 10^{-1} s – andauern, so daß daraus vielfach der Schluß gezogen wird, daß der Hauptteil der Sprengenergie in der Gasdruckphase wirksam wird. Ein Beispiel der Druckentwicklung gibt die Abb. 3, das BROWN [25] auf der Grundlage von Berechnungen TAYLORS [161] schematisch dargestellt hat.

4.2 Übertragung und Ausbreitung von Sprengenergie im einschließenden Medium

Die enormen stoßartigen Belastungen, die durch den Detonationsstoß und den Gasdruck einer Sprengstoffumsetzung entstehen, verformen die Wandung des einschließenden Mediums, indem sie an dessen Oberfläche Druckstörungen erzeugen, die die Oberflächenteilchen aus ihrer Ursprungslage verdrängen. Da alle Teilchen eines Stoffes durch Kohäsion der Struktureinheiten mehr oder weniger elastisch miteinander verbunden sind, kann sich das angestoßene Teilchen nicht bewegen, ohne andere mitzuziehen oder zurückgehalten zu werden. Dadurch beginnt das Teilchen um seine Ursprungslage zu schwingen und benachbarte Teilchen zum Schwingen anzuregen. Die Druckstörung breitet sich somit in einem elastischen Medium in Form von Schwingungen aus, die die Stoßenergie durch das Medium weitertransportieren. Hierbei führen die Teilchen nacheinander gleichartige Schwingungen aus, wodurch eine Welle entsteht. Die Intensität der Schwingungen hängt von der Stoßerregung ab; sie nimmt schnell ab, da sich die Energie der fortschreitenden Welle auf immer größere Flächen verteilt und das nicht vollkommen elastische Verhalten von Gesteinen zur Energieaufzehrung und Dämpfung der Schwingungen führt [57]. Die außergewöhnliche Intensität und Geschwindigkeit von Stoßbelastungen, die durch Sprengstoffeinwirkungen entstehen, bewirken, daß die Geschwindigkeit der Teilchen sehr groß und die Ausbreitungsgeschwindigkeit des Stoßes größer als die Fortpflanzungsgeschwindigkeit elastischer Wellen bzw. die Schallgeschwindigkeit wird. In diesem Bereich oszilliert die Welle nicht; sie ist eine einfache Kompression bzw. eine Stoßwelle, die eine Form wie die in Abb. 4 dargestellte besitzt. Stoßwellen sind ähnlich wie die Detonationswellen durch eine Diskontinuität gekennzeichnet, d. h. durch eine endliche Unstetigkeit in Geschwindigkeit und Druck; sie sind longitudinale Verdichtungswellen mit Transport von Materie ohne periodische Schwingungen, deren Bestimmungsparameter die Ausbreitungsgeschwindigkeit elastischer Wellen, die Teilchengeschwindigkeit, die Teilchenverschiebung und die Verformung sind [121]. In einem unbegrenzten Medium erzeugen die enormen stoßartigen Belastungen durch Sprengstoffumsetzungen in der Umgebung der Ladung hohe Druckspannungen mit je nach der Intensität der Druckstörung verschiedenen Wirkungszonen. RINEHART [121] unterscheidet drei Zonen:

In der innersten, an den Sprengstoff angrenzenden Zone – der sogenannten Zertrümmerungszone – ist der Druckstoß so stark, daß er die Festigkeit des Mediums überwindet und somit eine Druckzerstörung bewirkt. In diesem Bereich verhält sich das Medium hydrodynamisch, da die Scherfestigkeit gegenüber der Druckbelastung so gering ist, daß sie vernachlässigt werden kann und das Medium als flüssig zu betrachten ist.

In der folgenden, sogenannten Rißzone ist die Energie der Stoßwelle soweit aufgezehrt, daß es nicht mehr zu einer unmittelbaren Druckzerstörung kommt. Die Stoßwelle klingt in elastische Wellen aus, und es finden lediglich noch lokal irreversible Prozesse wie Bruch, Aufspaltung und andere durch das spröde Verhalten von Gesteinen bedingte Erscheinungen statt.

Der Spannungs- und Schwingungszustand um eine zylindrische Ladung ist in Abb. 5 dargestellt. Eine zu der Ladung konzentrische oder koaxiale Schicht erfährt bei Sprengeinwirkung eine diametrale Kompression, der eine radiale Druckspannung entspricht, und eine tangentiale Streckung, die eine tangentiale Zugspannung impliziert. Die durch das Medium sich ausbreitende Kompressionswelle bewirkt somit tangentiale Spannungen, die in den Tangentialebenen zur Wellenoberfläche Transversalwellen entstehen lassen, die sich ebenfalls im Medium ausbreiten und der Kompressionswelle mit verminderter Geschwindigkeit folgen.

In der dritten, sogenannten seismischen oder Erschütterungszone schließlich ist die Energie der Spannungswellen soweit aufgezehrt, daß keine Brucheffekte mehr entstehen und die Auswirkungen sich praktisch als Erschütterungen äußern.

Die quantitative Seite des Problems der Sprengenergieübertragung und -ausbreitung im einschließenden Medium ist für die praktische und wissenschaftliche Sprengtechnik gleichermaßen von großem Interesse. In diesem Zusammenhang kommt den Untersuchungen von FOGELSON u. a. [48] sowie NICHOLLS und DUVALL [103] besondere Bedeutung zu, die folgenden elementaren Befund erarbeiteten: Der technisch nutzbare Anteil an Sprengenergie hängt nicht von der absoluten Energiemenge des Sprengstoffes ab, sondern von der jeweiligen Kombination Sprengstoff–Gestein bzw. deren physikalischen Eigenschaften. Der Energieübertragungsparameter bzw. die auf den Einschluß übertragene Energie nimmt nahezu linear mit dem Verhältnis der Impedanzen des Sprengstoffes und des Einschlusses, d. h. mit dem Verhältnis

$$\frac{\varrho_{\mathrm{Sp}}\, v_D}{\varrho_G\, c_L} \left[\frac{\text{Sprengstoffdichte} \cdot \text{Detonationsgeschwindigkeit}}{\text{Gesteinsdichte} \cdot \text{Schallgeschwindigkeit}}\right]$$

zu, wobei die Produkte $\varrho_{\mathrm{Sp}}\, v_D$ als Sprengstoffimpedanz und $\varrho_G\, c_L$ als Impedanz oder akustische Härte des Gesteins mit der Dimension $\left[\frac{\text{dyn/cm}^2}{\text{cm/s}}\right]$ bezeichnet werden. Zu ähnlichen Ergebnissen kommen theoretische Studien über die Ausbreitung von Stoßwellen und deren Verhalten an Grenzflächen [3, 4, 25, 40, 98, 103, 112, 120, 125, 147 u. a.] mit folgenden, sprengtechnisch wichtigen Schlußfolgerungen:

1. Die Ausnutzung der Sprengenergie beim Sprengen steigt in dem Maße, wie das

Verhältnis der Impedanz des eingesetzten Sprengstoffes zur akustischen Härte des Einschlußmediums kleiner wird bzw. dem Wert 1 zustrebt.

2. Für den Einsatz in Gebirgsarten mit geringen akustischen Härten – das ist etwa gleichbedeutend mit geringer Festigkeit – ist die Verwendung dichter und brisanter Sprengstoffe unzweckmäßig. Andererseits gilt entsprechend: Je fester das Gestein ist, das gesprengt werden soll, um so brisanter sollte der verwendete Sprengstoff sein.

Bei der Ausbreitung von Spannungswellen im Gestein bewirkt dessen unvollkommen elastisches Verhalten eine Adsorption an Spannungsenergie, so daß die Stoßwellen abklingen bzw. die Schwingungen gedämpft werden. Nach Grine und Fowles [57] kommen als energieabsorbierende Mechanismen hauptsächlich Wärmeverluste durch irreversible Prozesse in der Stoßfront, plastische Verformung sowie Schaffung einer neuen Oberfläche durch Bruch des Mediums in Frage. Die größte Bedeutung kommt nach Ansicht dieser Autoren der Oberflächenenergie zu.

4.3 Bruchmechanismen beim Sprengen

a) Die Druckzerstörung

Der auf die Wandung eines Laderaumes infolge einer Sprengstoffumsetzung wirkende Druckstoß – sei es als Detonationsstoß oder Gasdruck – ist mit 10^4 bis 10^5 at in der Regel so groß, daß er in unmittelbarer Umgebung der Sprengstoffkammer die Druckfestigkeit des Einschlusses übersteigt und zu einer Druckzerstörung in Form einer Zermalmung und Pulverisierung führt. In diesem Bereich örtlicher Einwirkung des Sprengstoffes überschreitet die wirksame Spannung den »Modul der volumetrischen Zusammendrückbarkeit« des Mediums, d. h. es kommt zur Zerstörung des Gesteins im Zustand des allseitigen Druckes [99]. Charakteristisch für die Zone plastischer Deformationen ist die Tatsache, daß sie unabhängig von dem natürlichen Aufbau und der Struktur sowie dem Wirkungsablauf einer Sprengstoffumsetzung auftritt, was man nach jeder Sprengung an den aufgeweiteten Ladungsbohrlöchern erkennen lann. Der Umfang der Zone plastischer Deformationen beträgt nach Orsini [111] mehr als den doppelten Ladungsdurchmesser, überschreitet nach Mosinec [99] 3–7 Radien der Ladung nicht und erreicht nach Angaben Masukovs [92] etwa den zehnfachen Ladungsdurchmesser.

b) Rißbildungen

Die weitere Zerstörung des Mediums um die Sprengstoffladung außerhalb der Zermalmungszone erfolgt ungeachtet der bedeutenden Veränderung des Spannungszustandes im Raum und in der Zeit vom physikalischen Standpunkt aus nur durch eine Art der Zerstörung, nämlich durch Trennung der Teilchen unter Einwirkung von Zugspannungen [16, 30, 40, 68, 70, 71, 111, 123, 124, 125, 138 u. a.].
Diese entstehen in den Tangentialebenen zur Oberfläche der Wellenfront von Druckspannungen, die von der Peripherie der Zermalmungszone ausgehen, und, wenn die direkte Druckspannungswelle an Diskontinuitäten als Zugspannungswelle reflektiert wird, in radialer Richtung. Die Wirksamkeit von Zugspannungen beruht darauf, daß die Zugfestigkeit natürlicher Medien in der Regel nur einen Bruchteil ihrer Druckfestigkeit – etwa $^1/_{50}$ bis $^1/_{20}$ – ausmacht. Mosinec [99], Belaenko u. a. [16] sowie Gaek u. a. [51] unterscheiden bei einem unter Sprengeinwirkung stehenden Medium mehrere Rißsysteme, die sämtlich durch Zugspannungen verursacht werden (Abb. 6 und 7).
Ausgehend von der Griffithschen Theorie der Fehlordnungen entstehen an den sta-

tistisch im Medium verteilten Dislokationen beim Durchgang einer Druckwelle senkrecht zur maximalen Zugspannung Risse, die sich auf Grund der radialen Druck- und tangentialen Zugspannungen strahlenförmig um das Ladungsbohrloch ausbilden (Abb. 6a und 7a). Erreicht die direkte Druckwelle die freie Oberfläche, wird sie reflektiert, wobei sich ihr Vorzeichen ändert.
Die reflektierte Welle wird somit in der Radialrichtung Zugspannungen und in der Tangentialrichtung Druckspannungen hervorrufen. Da sich die Risse wiederum senkrecht zu den Zugspannungen ausbilden, werden sie längs konzentrischer Kreise um einen imaginären, zur tatsächlichen Ladung spiegelbildlichen Mittelpunkt auftreten (Abb. 6c und 7c).
Neben diesen Hauptrißsystemen können weitere entstehen, und zwar als Folge des gemeinsamen Wirkens der direkten Druck- und der reflektierten Zugwelle im Bereich der freien Fläche (Abb. 6b und 7b) und bei der Druckentlastung des Mediums infolge dessen Unfähigkeit, sich bei der Entlastung schnell auszudehnen durch die Verdünnungswelle (Abb. 6d und 7d). Diesen Effekt hat auch RINEHART [120] beobachtet. Die Gesamtheit der durch Spannungswellen hervorgerufenen Risse und Rißsysteme bewirkt eine Vorzerstörung des Mediums, die durch die Verschiebung des Massivs vollendet wird.

c) Schalenbildung

Trifft eine Stoßwelle, bevor ihre Energie durch die Dämpfung des Mediums, in dem sie sich ausbreitet, absorbiert wurde, auf eine Diskontinuitätsfläche mit einem Impedanzverhältnis größer als 1, wie z. B. an einer Grenzfläche Gestein–Luft, dann wird sie als Zugwelle reflektiert [5, 40, 68, 70, 71, 73, 74, 120 u. a.]. Die Intensität der reflektierten Zugspannungswelle hängt von der Intensität der direkten Kompressionswelle bzw. der Druckfestigkeit des Mediums sowie dem an der Grenzfläche herrschenden Impedanzverhältnis ab. Der Bruch tritt bei einer normal auf eine Grenzfläche auftreffenden Stoßwelle immer dann ein, wenn der als Zugspannung reflektierte Anteil der direkten Welle die Zugfestigkeit überschreitet. Da die Druckspannung der direkten Welle entsprechend dem Verhältnis Druckfestigkeit zu Zugfestigkeit des Mediums die Zugfestigkeit um ein Vielfaches überschreiten kann, entstehen nach dieser Theorie mehrere zur Grenzfläche parallele Trennflächen und eine entsprechende Anzahl von Schalen, wie in Abb. 8 dargestellt ist.

d) Scherbrüche

Eine Reihe von Forschern vermutet das Auftreten von Scherbruchbildungen beim Sprengen. Während RINEHART und PEARSON [120] an der Innenwand von Metallzylindern die Ausbildung von Scherbrüchen feststellen, die sie der Entlastungswelle während der Restitutionsphase der potentiellen Energie zuschreiben, findet ORSINI [111] aus der Auswertung von Meßergebnissen des U.S. Bureau of Mines [40], daß das Gestein zu einem Zeitpunkt bricht, der mit den errechneten Zeiten für den Durchgang des max. Schubspannungsimpulses zusammenfällt. Dies deutet nach Ansicht ORSINIS darauf hin, daß das Gestein bricht, wenn der Spannungswert der Transversalwelle die Scherfestigkeit des Gesteins, die ebenfalls nur einen Bruchteil der Druckfestigkeit beträgt, übersteigt. NOVOTNY und LEHR [104] erwähnen, daß in Nähe der Ladung Gleitlinien entstehen, die unter einem Winkel von 45° zur Radialrichtung geneigt sind und die auf Scherbrüche schließen lassen. Auch LIVINGSTON [125] vertritt die Ansicht, daß die Zerstörung in der Druckzone des Gasdruckes durch Scher- oder Druckwirkungen erfolgt, während ØDEGÅRD [105] die Entstehung von Scherspannungen bei ungleichmäßiger Verteilung der Ladung oder unsymmetrischer Vorgabe annimmt. Wichtig erscheint in diesem Zusammenhang die Feststellung BRIDGMANS [23], daß bei hohem hydrostatischem Druck Brüche auf Grund von Zugspannungen seltener auftreten, während die Neigung zum Scherbruch durch Druck praktisch nicht beeinflußt würde.

4.4 Ansätze einer Sprengtheorie

Die Zerstörung des Gesteins beim Sprengen ist nach vorherrschender Ansicht das Ergebnis der summarischen Einwirkung der sich ausdehnenden Reaktionsprodukte und der durch den Detonationsstoß erzeugten Spannungswellen, deren Mitwirkungsgrad am Bruchvorgang von der physikalisch-technischen Gesteinscharakteristik abhängt [10]. Da Detonationsstoß und Gasdruck zeitlich nacheinander auf das Einschlußmedium einwirken, bedeutet dies, daß sich einer dynamischen Spannungskonfiguration, die als Folge der Stoßwelle entsteht, eine quasi-statische überlagert, die durch den Gasdruck hervorgerufen wird. Charakteristisch ist, daß der Gasdruck noch wirkt, während die Stoßwelle ihre Wirkung schon eingestellt hat.
Über den Wirkungsmechanismus der Gesteinszerstörung unter Sprengeinwirkung gehen die Ansichten mehr oder weniger weit auseinander. Strittig sind insbesondere der Umfang der Wirksamkeit des Detonationsstoßes und des Gasdruckes sowie der direkten und reflektierten Spannungswellen in Abhängigkeit vom strukturellen Aufbau der Sprengmedien und deren physikalisch-mechanischen Eigenschaften. Unter Berücksichtigung dieser Unsicherheiten kann auf der Grundlage der physikalischen Bruchtheorie und den Arbeiten zahlreicher Autoren [16, 19, 30, 51, 63, 111 u. a.], insbesondere in Anlehnung an die Vorstellungen von TURUTA u. a. [128], MAMBETOV u. a. [91] und MOSINEC [99] folgendes vereinfachtes Schema von den Vorgängen und Bruchmechanismen beim Sprengen entwickelt werden.
Die Zerstörung des Mediums außerhalb der Zermalmungszone, über deren Existenz sich alle Sprengtheoretiker einig sind, läuft in drei Phasen ab:

1. Unter der Einwirkung des Detonationsstoßes entsteht im einschließenden Medium eine Spannungswelle, die die sogenannte primäre Rißbildung bewirkt. Umfang und Ausmaß der primären Rißbildung hängen von der Rissigkeit des Mediums ab. In rissigen Medien kommt es an den natürlichen Mikrorissen zu Spannungskonzentrationen, die durch Umwandlung elastischer Formänderungsenergie in Oberflächenenergie zur Schaffung neuer Oberflächen führen. Die Geschwindigkeit der Rißbildung hängt ebenfalls von der Rissigkeit des Mediums ab und ist normalerweise größer als bei massiven Medien ohne »sichtbare« Risse. Die maximale Geschwindigkeit der primären Rißbildung wird bestimmt durch spezifische Materialeigenschaften – die Rißbildungsdauer und die Rißausbreitungsgeschwindigkeit. In dieser Phase des Sprengvorganges findet die Vorzerstörung des Mediums statt.
2. Durch Expansion der Reaktionsprodukte überlagert sich der dynamischen Spannungskonfiguration als Folge der Stoßwelle eine quasistatische, so daß sich die eingeleiteten Brüche unter Verbreiterung und Ausbreitung der primären Risse bis zur völligen Zerstörung des Zusammenhaltes des Mediums und Zerteilung des Zertrümmerungsvolumens entwickeln. Der Vorgang wird unterstützt durch das Eindringen der Sprengschwaden in die vorhandenen und entstehenden Risse, und seine Geschwindigkeit entspricht der absoluten Transformationsgeschwindigkeit elastischer Energie in Oberflächenenergie der Brüche. In dieser Phase wird das Gesteinsvolumen völlig zerstört, ohne daß es sich wesentlich vergrößert.
3. Durch die anhaltende Einwirkung der Reaktionsprodukte wird das Gesteinsvolumen vergrößert, und die makroskopische Bruchbewegung beginnt. Das zerstörte Ge-

steinsvolumen wird aus dem Gebirgsverband »herausgeschoben«, wobei es spontan zusammenbricht.

Hierbei ändert sich der Charakter des beim Zerstörungsvorgang vorherrschenden Bruchmechanismus und damit auch der Wirkungsgrad und die Anteile der Wirkungselemente Detonationsstoß und Gasdruck je nach dem Aufbau des Gesteins und der Art des Spannungszustandes:

1. Bei monolithischen, nicht zusammendrückbaren und nicht durch Mikro- und Makrorisse durchsetzten Gesteinen, die es praktisch nicht gibt, ist eine Konzentration von Spannungen und Verformungen und damit die Entstehung von Rißkeimen nicht möglich. Die Hauptzerstörung ist eine Folge der Zugspannungen der reflektierten Welle.
2. Gesteine mit einem natürlichen System von Mikro- und Makrorissen werden sowohl unter Einwirkung tangentialer Zugspannungen der direkten Welle, die eine Konzentration von Spannungen und Verformungen an den Fehlstellen bewirkt, als auch durch die Auswirkungen der reflektierten Welle zerstört. Mit Zunahme der Rissigkeit steigt der Zerstörungsanteil der direkten Welle; entsprechend vermindert sich der Anteil der reflektierten Welle (Anlage 11).
3. Bei Vorhandensein von Makrorissen, wie Spalten, Klüfte und dergleichen hängt die Wirksamkeit der Spannungswellen von der Kluftbreite und von der Art und den Eigenschaften der Füllmasse ab. Die Energie der Spannungswellen, die im Medium die elastische Deformationsenergie aufbaut, geht beim Auftreten von Klüften größtenteils in kinetische Energie losgelöster Gesteinsteile über. Beim Aneinanderschlagen dieser Teile wird durch die kinetische Energie in den Gesteinsteilen elastische Deformationsenergie akkumuliert, die sich je nach dem Aufbau der Grundsubstanz des Mediums in Oberflächenenergie natürlicher Fehlstellen umwandelt und somit zur Ausbildung neuer Oberflächen und Zerstörung der bewegten Gesteinsteile führt.

5. Die Sprengbarkeit von Gestein

5.1 Einflußfaktoren und deren Abschätzung

Versucht man, auf Grund der theoretischen Vorstellungen über die Vorgänge beim Sprengen die Eigenschaften, Parameter und Kriterien eines Stoffes, die sein Verhalten bei explosiver Einwirkung bestimmen, zusammenfassend darzustellen, dann stellt man fest, daß das Sprengverhalten von Gestein durch eine Vielzahl von Faktoren, die oft nicht unabhängig voneinander variierbar sind, beeinflußt wird.
Der Anteil der Sprengenergie, der auf das eine detonierende Ladung umschließende Medium übertragen wird, hängt ab von den akustischen Impedanzen des Sprengstoffes und des Gesteins, die den Maximaldruck im Druckstoß des Stoffes bestimmen, während die Ausbreitung der Sprengenergie außerhalb der Zermalmungszone durch die Schallhärte des Mediums sowie die energieabsorbierenden Mechanismen gekennzeichnet wird, die sich nur schwer definieren und quantifizieren lassen. Maßgebend für die Intensität der reflektierten Stoßwelle schließlich ist das an der freien Fläche herrschende Impedanzverhältnis.

Die Entstehung und Ausbreitung eines Bruches in einem Medium als wichtigste Elemente der Bruchmechanismen hängen von der Bruchbildungsdauer und der Geschwindigkeit der Bruchausbreitung ab, die ihrerseits bestimmt werden durch die Rissigkeit des Stoffes und die absolute Transformationsgeschwindigkeit elastischer Energie in freie Oberflächenenergie. Diese Kriterien der Sprengbarkeit können in gewissem Umfange auf die dynamischen elastischen Konstanten bezogen werden.
Ein wichtiger Faktor bei der Zerstörung unter Sprengeinwirkung ist die Zugfestigkeit des beanspruchten Mediums, die sowohl bei der Rißbildung durch Spannungswellen als auch bei den Bruchphänomenen der quasi-statischen Expansionsphase ein dominierendes Element des Bruchprozesses darstellt. Eine untergeordnete Bedeutung dagegen kommt der Zusammendrückbarkeit eines Stoffes zu, die die Bedingung für die Druckzerstörung in der Zermalungszone bildet. Die Ansichten über die Bedeutung der Scherfestigkeit beim Bruchvorgang unter Sprengeinwirkung gehen mehr oder weniger stark auseinander.
Aus diesen Zusammenhängen können hinsichtlich der die Sprengbarkeit eines Gesteins bestimmenden Faktoren und Eigenschaften folgende Schlüsse gezogen werden. Der Wellenmechanismus als Träger und Verteiler der Sprengenergie durch Spannungswellen zur Akkumulation elastischer Deformationsenergie wird hauptsächlich bestimmt durch die Geschwindigkeit elastischer Wellen, die in gewissem Umfang weitere Eigenschaften des Mediums impliziert, und durch die Verhältnisse an den inneren und äußeren Diskontinuitätsflächen, wobei insbesondere die jeweiligen Impedanzverhältnisse eine Rolle spielen. Die Bruchmechanismen sind in starkem Maße abhängig von dem Aufbau und der Struktur des Mediums – insbesondere von dessen Rissigkeit – sowie von der Zugfestigkeit und den energetischen Bedingungen der Bruchfortpflanzung.
Die Sprengbarkeit von Gestein kann somit durch folgende Elementareigenschaften beschrieben werden: Stoßimpedanz und Stoßkompressionsmodul (Zusammendrückbarkeit) in der Zermalmungszone, die elastischen Konstanten – insbesondere die Schallgeschwindigkeit –, die mechanischen Eigenschaften – insbesondere die Zugfestigkeit – und die Dichte in der anschließenden Rißzone. Dabei wird unterstellt, daß diese Kennwerte die von dem Aufbau und der Struktur des Mediums abhängigen Dämpfungs- und Brucheigenschaften implizieren.
Die Abhängigkeit der Mechanismen der Energieübertragung, -ausbreitung und -transformation, der Dämpfung und anderer damit zusammenhängender Erscheinungen – insbesondere der Bruchmechanismen – von den physikalisch-mechanischen Gesteinseigenschaften, die exakt definier- und meßbar sind, gibt grundsätzlich die Möglichkeit, das Sprengverhalten abzuschätzen und zu werten. Dabei besteht in der Praxis jedoch eine Reihe erheblicher Schwierigkeiten. Gesteine bzw. Gebirgsarten sind in der Regel weder homogen noch isotrop, und ihre Eigenschaften können sich je nach Richtung von Punkt zu Punkt ändern. Insbesondere bei sedimentären, einigen metamorphen oder tektonisch beanspruchten Gebirgsarten ist die Festigkeits- und Formänderungsanisotropie mehr oder weniger stark ausgeprägt. Entsprechend groß sind die Unterschiede in den Bruchfestigkeiten gegenüber Druck-, Zug- und Scherkräften. Berücksichtigt man darüber hinaus die Abhängigkeit des Festigkeits- und Formänderungsverhaltens von den Abmessungen des Prüfkörpers und den Belastungskriterien, dann bietet sich von selbst die Schlußfolgerung an, daß alle Beurteilungsmaßstäbe für das Sprengverhalten von Gestein, die auf statisch ermittelten Festigkeitswerten, wie z. B. der Druckfestigkeit, der Zugfestigkeit oder deren Verhältnis basieren, nur sehr beschränkte Aussagefähigkeit besitzen und für die Vorgänge beim Sprengen kaum repräsentativen Charakter haben können. Andererseits zeigen diese Überlegungen in Verbindung mit der Tatsache, daß der Anisotropie-Effekt mit der Größe des Gebirgs-

körpers und der damit anwachsenden Zahl der ausgleichenden Elemente wieder abnehmen kann, die Schwierigkeit bei der Abschätzung der mechanischen Eigenschaften von Gebirge und damit seines Sprengverhaltens, deren ausreichende Genauigkeit jedoch Voraussetzung für eine erfolgreiche Sprengung ist.
Entsprechendes gilt für die dynamischen Eigenschaften. Die Ausbreitung elastischer Wellen in einem ideal homogenen und isotropen Medium ist bei sphärischen Ladungen ebenfalls sphärisch. Anisotropie und Heterogenität – Charakteristika natürlicher Stoffe – verursachen jedoch Torsionen bzw. schräge Reflektionen an den Diskontinuitätsflächen. Es entstehen Scherwellen, die sich den vorhergehenden – direkten oder reflektierten – Wellen überlagern. Dadurch bildet sich im Gebirge unmittelbar nach der Detonation der Ladung ein Spannungs- und Deformationszustand aus, der infolge seiner Heterogenität außerordentlich komplex ist, um so mehr, wenn durch die Anordnung benachbarter Ladungen, deren zeitliche Zündfolge, die Art der Ladung und Initiierung und dergleichen eine gegenseitige Beeinflussung und Überlagerung der Wirkungszonen benachbarter Schüsse stattfindet.
Das Bild dieser Mechanismen wird nicht einfacher, wenn man die Geschwindigkeit, mit der sich die Vorgänge im Gestein abspielen, in die Überlegung mit einbezieht. Die Stoßwellen, die durch den Detonationsstoß und die sich ausdehnenden Reaktionsprodukte im Gebirge verursacht werden, breiten sich mit Geschwindigkeiten in der Größenordnung von 10^3 m/sec aus. Die Vorgabe einer Sprengstoffladung dagegen beträgt in der Regel nur wenige Meter, so daß die Wellen Mikro- und Makrodiskontinuitäten sowie die freie Oberfläche in Bruchteilen von Millisekunden erreichen, reflektiert werden und sich anderen Wellen überlagern. Gleichzeitig beginnen die Reaktionsprodukte auf den Einschluß einzuwirken, so daß es zur Ausbildung und Überlagerung verschiedener Spannungskonfigurationen kommt, deren Auswirkungen auf das Sprengverhalten nur unter großen Schwierigkeiten analysierbar sind.

5.2 Die Aussagekraft von Sprengbarkeitskennwerten

Der Ablauf einer Sprengung stellt sich somit auf Grund der Vielzahl der wechselseitig wirkenden Einflußfaktoren als ein komplexer Wirkungsmechanismus dar, der einer analytisch-abstrahierenden Untersuchungsmethodik nur sehr schwer zugänglich ist, da die wirksamen Kräfte und Reaktionen hinsichtlich ihrer Art, Zahl, Größe und Geschwindigkeit unter praktischen Bedingungen kaum erkennbar oder faßbar sind. Man beschränkt sich daher bis heute in Ermangelung konkreter Vorstellungen über den Sprengvorgang bei der Beurteilung des Materialverhaltens beim Sprengen auf empirische und technologische Kennwerte.
Die Feststellung, daß die erläuterten Multiplikationsfaktoren, Erfahrungszahlen, Materialkoeffizienten, Gesteinsfestigkeitszahlen und Gesteinswiderstandsfaktoren vom Standpunkt der theoretischen wie der praktischen Sprengtechnik das Sprengverhalten von Gestein kaum ausreichend definieren und qualifizieren dürften, bedarf nach der Darstellung und Interpretation des derzeitigen sprengtechnischen Erkenntnisstandes sicherlich keiner weiteren Erläuterung und Begründung. Hinzu kommt, daß dieser Art der Kennzeichnung des Materialverhaltens vielfach subjektive Vorstellungen über die Vorgänge und Einflußfaktoren beim Sprengen zugrundeliegen, die den tatsächlichen Verhältnissen nur mehr oder weniger entsprechen. Das subjektive Moment bei der qualitativen und quantitativen Einschätzung dieser Kennwerte sowie der empirische Charakter ihrer Ermittlung führte dazu, daß ihr Gültigkeitsbereich in der Regel auf lokale Bereiche und Bedingungen beschränkt blieb. Meist kann der richtige Wert für das Materialverhalten beim Sprengen infolge des großen subjektiven Ermessensspiel-

raumes nur auf Grund großer praktischer Erfahrung näherungsweise abgeschätzt werden; eine ingenieurmäßige, konstruktive Lösung ist somit in weiten Anwendungsbereichen überhaupt nicht möglich.
Ähnliches gilt in gewissem Umfange auch für andere empirische Kennwerte, wie die Sprengbarkeitswerte aus Versuchs- und Kratersprengungen sowie die auf dem spezifischen Sprengstoffaufwand basierenden Beurteilungsmaßstäbe. Da sich diese Werte nicht ausschließlich auf das Gesteinsverhalten beziehen, sondern auch anordnungs- und sprengstoffbezogene Elemente enthalten, können sie das Sprengverhalten von Gestein nur unzureichend kennzeichnen. So kann z. B. der spezifische Sprengstoffaufwand nur dann als Vergleichsmaßstab gültig sein, wenn die zu beurteilenden Werte mit ein und demselben Sprengstoff bei gleicher Anordnung im Sprengobjekt ermittelt wurden, da sich einerseits die Gesamtenergie und der Wirkungsmechanismus verschiedener Sprengstoffe unterscheiden, während andererseits der spezifische Sprengstoffverbrauch auch von der Vorgabe, der Tiefenlage der Ladung, der Verspannung und dergleichen abhängt.
Aus den bisherigen Überlegungen muß daher der Schluß gezogen werden, daß die konventionellen Beurteilungsmaßstäbe für das Sprengverhalten von Gestein den subtilen Zusammenhängen beim Sprengen nicht gerecht werden.

5.3 Definition des Begriffes »Sprengbarkeit«

Aus den bisherigen Darlegungen geht hervor, daß bis jetzt noch keine mathematisch-exakt formulierbare Zusammenhänge zwischen den physikalisch-mechanischen Gesteinseigenschaften und den technologischen sowie sprengtechnischen Gesteinskenngrößen gefunden wurden. Aus diesem Grunde sind die gebräuchlichen Definitionen der Sprengbarkeit ziemlich allgemein gehalten, wie z. B. in dem Entwurf zur DIN 20163 [176], wo unter Sprengbarkeit die »Eigenschaft des Materials, die das Verhalten (Widerstand) beim Sprengen kennzeichnet«, verstanden wird. Nun wurde gezeigt, daß die Sprengbarkeit von Gestein durch einen einzigen physikalischen Gesteinskennwert nicht ausreichend beschrieben werden kann, sondern nur durch eine ganze Reihe von Einflußfaktoren mit je nach den inneren und äußeren Bedingungen wechselnden Gewichten. Unter Berücksichtigung dieser Überlegung wird der Begriff der Sprengbarkeit in dem hier verstandenen weiteren Sinne daher wie folgt gefaßt:
»Die Sprengbarkeit von Gestein ist eine Charakteristik seines Verhaltens unter den speziellen Bedingungen der Zerstörung durch Sprengeinwirkung.«
Die Schwierigkeiten, für alle wechselweise relevanten Einflußfaktoren und Wirkungselemente beim Sprengen eine einheitliche Bezugsbasis zu finden, wären unüberbrückbar, gäbe es nicht gleichsam eine Art Indikator, der alle Vorgänge und Mechanismen registriert und bewertet. Das bedeutet: unabhängig davon, ob die Zerstörung eines Mediums unter Sprengeinwirkung durch den Detonationsstoß oder den Gasdruck, als Folge der direkten oder der reflektierten Spannungswellen, durch Zermalmen, Rißbildungen, Schalenbildungen oder Verschiebungen und dergleichen zustande kommt, finden alle Mechanismen ihren Niederschlag als Energieverbrauch oder -aufwand. Durch die energetische Bewertung der Vorgänge beim Sprengen wird somit die Möglichkeit geschaffen, die Auswirkungen der verschiedenen Einflußfaktoren auf eine einheitliche Basis zu beziehen und damit vergleichbar zu machen.
Zur Kennzeichnung des Sprengverhaltens von Gestein genügt der Energieaufwand allein nicht, da dieser keine Aussage über die Wirksamkeit der Sprengenergie zuläßt bzw. den Sprengerfolg unberücksichtigt läßt. Da die Sprengbarkeit nicht nur im Energieaufwand, sondern auch im Sprengerfolg zum Ausdruck kommt, ergibt sich ein

absolutes Vergleichskriterium erst durch Bezugnahme des Energieaufwandes auf den damit erzielten Sprengerfolg, der in Anlehnung an die Praxis und Terminologie der Zerkleinerungstechnik und -physik durch die beim Sprengen bewirkte Oberflächenzunahme des Sprengobjektes gekennzeichnet werden soll. Daraus folgt nunmehr als Definition des Begriffes »Sprengbarkeit« im engeren Sinne:
»Die Sprengbarkeit von Gestein ist eine spezifische Verhaltenscharakteristik, die sich als Energieaufwand je Einheit Oberflächenzunahme äußert und in [cal/m^2] ausgedrückt werden kann.«
Für den experimentellen Teil dieser Untersuchung stellten sich somit die Aufgaben, die Leistungsfähigkeit von Sprengstoffen als Sprengenergie, die Sprengbarkeit von Gestein als Sprengenergieaufwand und den Sprengerfolg als Oberflächenzunahme beim Sprengen zu ermitteln.

6. Die experimentellen Untersuchungen

6.1 Sprengstoff-physikalische Grundlagen

6.11 Beurteilung des Sprengvermögens von Sprengstoffen

Die vielfältigen Anwendungsmöglichkeiten von Sprengstoffen in der gewerblichen Sprengtechnik bedingen unterschiedliche Anforderungen an deren Sprengvermögen. Es sind daher in der Vergangenheit verschiedenartige Sprengstoffe mit unterschiedlichsten Leistungskriterien für eine Vielzahl von Sprengzwecken und -aufgaben entwickelt worden. Bei der Planung und Konstruktion von Sprengungen ist daher neben der richtigen Einschätzung der Sprengeigenschaften des Sprengobjektes und der Wahl geeigneter geometrischer Parameter zur Anordnung und Verteilung des Sprengstoffes in dem zu sprengenden Gebirgsabschnitt besonderer Wert auf die Auswahl des optimalen Sprengstoffes zu legen.
Das Sprengvermögen eines Sprengstoffes wird häufig im Zusammenhang mit seiner Brisanz (Brech- und Zertrümmerungsvermögen) und seinem Ausdehnungsvermögen betrachtet und beurteilt, wobei die Brisanz die Wirksamkeit des Sprengstoffes in der Detonationsphase – den Detonationsstoß – und das Ausdehnungsvermögen die in der Expansionsphase durch die Reaktionsprodukte geleistete Arbeit kennzeichnen soll. Zur zahlenmäßigen Bestimmung der Werte von Ausdehnungsvermögen und Brisanz werden die klassischen sprengtechnischen Vergleichsverfahren – Trauzlsche Bleiblock-Methode bzw. Ballistischer Mörser für die Kennzeichnung des Ausdehnungsvermögens und die Stauchmethoden nach Hess und Kast zur Ermittlung der Brisanz – benutzt. Die Aussagefähigkeit der erhaltenen Meßwerte – Ausbauchung in cm^3, Winkel des Pendelausschlages in Grad sowie Stauchung von Prüfkörpern in cm – ist jedoch beschränkt und die darauf aufbauende Bewertung des Sprengvermögens von Sprengstoffen nur mit Vorbehalten gültig und bauchbar, da die technischen Vergleichswerte das tatsächliche Sprengvermögen nur in grober Näherung erfassen und darstellen können. Hierfür zwei Gründe: Die Sprengstoffumsetzung läuft bei kleinmaßstäblichen Laborversuchen oft anders ab als unter praktischen Bedingungen, so daß das volle Sprengvermögen vielfach nicht erreicht wird. Außerdem sind die Begriffe Brisanz und Sprengvermögen physikalisch schwer zu definieren, da die Wirkung, die sie beschreiben, sich aus der

Kraft, dem Zeitprofil dieser Kraft und den Festigkeitseigenschaften des Objektes ergibt und somit nicht ausschließlich auf die Sprengstoffeigenschaften bezogen werden kann. Aus diesen Gründen können die praktischen Vergleichswerte auch nicht auf die theoretischen Daten und Eigenschaften bezogen und in Einheiten des absoluten, physikalischen Maßsystems umgerechnet werden; ihre Bedeutung wird daher heute auf qualitative Unterscheidungsmerkmale beschränkt [32, 116, 128, 141 u. a.].

Die Tatsache, daß lange Zeit die Detonationsgeschwindigkeit die einzige, auch unter praktischen Bedingungen meßbare Kenngröße der Detonation war, gab vielfach Veranlassung, das Sprengergebnis auf die Umsetzungsgeschwindigkeit zu beziehen und einen direkten Zusammenhang zu unterstellen. Da der Explosionsdruck als wichtiges Leistungscharakteristikum eines Sprengstoffes eine direkte Funktion der Detonationsgeschwindigkeit D ist, überrascht es nach Cook [32] nicht, »... daß D als Annäherung auf empirischer Grundlage Anwendung als Intensitätseigenschaft gefunden hat, um Sprengwirkungen abzuschätzen ...« Auf Grund des Einflusses anderer Faktoren auf den Explosionsdruck und deren Änderungen von einem Sprengstoff zum anderen ist das Geschwindigkeitskriterium »... jedoch kein genaues und kann sogar zu ernsten Widersprüchen führen«. Dies bestätigen im wesentlichen auch die theoretischen Studien von Schmidt [141] sowie Christmann [29] und Harzt [65], die auf Grund empirischer Untersuchungen zu der Schlußfolgerung kommen, daß die Detonationsgeschwindigkeit als Kennzeichnungsmerkmal des praktischen Sprengvermögens ungeeignet ist.

Die jüngere Entwicklung auf dem Gebiete der Sprengstoffphysik ist durch das Bestreben gekennzeichnet, das Sprengvermögen von Sprengstoffen »... physikalisch möglichst exakt mit Methoden zu bestimmen, die Werte im absoluten physikalischen Maßsystem liefern« [130] und diese auf die grundlegenden physikalischen und chemischen Eigenschaften eines Sprengstoffes zu beziehen [127, 128, 129, 130 u. a.].

Aus den bisherigen Überlegungen ist bekannt, daß Detonationsstoß und Gasdruck die arbeitverrichtenden und damit die das Sprengvermögen eines Sprengstoffes kennzeichnenden Wirkungselemente einer detonativen Umsetzung sind. Beide stehen miteinander in Zusammenhang und leiten sich nach Ahrens [1] »... letzten Endes von der im Sprengstoff nun einmal vorhandenen mehr oder weniger großen verfügbaren Menge an chemischer Energie her, die im Verlauf der Detonation frei wird«. Unabhängig von der Intensität des Detonationsstoßes oder des Gasdruckes kann das maximale Sprengvermögen eines Sprengstoffes und damit sein Arbeitsvermögen durch die bei der Detonation freigesetzte Energie charakterisiert werden, während die Wirksamkeit eines Sprengstoffes davon abhängt, wie sich die freigesetzte Energie auf den Detonationsstoß und den Gasdruck aufteilt, in welchem Umfang diese beiden Wirkungselemente im Medium wirksam werden und wie sie sich bei der Zerstörung des Mediums ergänzen können.

Der Zusammenhang zwischen den Leistungskriterien der detonativen Umsetzung eines Sprengstoffes und seinen chemisch-physikalischen Eigenschaften konnte durch die thermodynamisch-hydrodynamische Theorie der Detonation nachgewiesen [15, 32, 131, 143, 161 u. a.] und durch experimentelle Arbeiten bestätigt werden [129, 130, 144 u. a.].

6.12 Das Arbeitsvermögen von Sprengstoffen

Die bei der Umsetzung eines Sprengstoffes entstehenden Reaktionsprodukte verwandeln die freiwerdende Energie in mechanische Arbeit, die sprengtechnisch nutzbar ist. Die maximale Arbeitsfähigkeit der Reaktionsprodukte ist die Expansionsarbeit, die sie unter günstigster Ausnutzung ihres Vorrates an Wärmeenergie leisten können. Dieser Wärmevorrat ist gegeben durch die chemisch gebundene Gesamtenergie oder Wärmemenge, die freigesetzt wird, wenn sich der Sprengstoff ohne Leistung äußerer Arbeit in konstantem Volumen vollständig umsetzt; d. h. der Wärmevorrat ist identisch mit der Explosionswärme oder -energie Q. Das Arbeitsvermögen eines Sprengstoffes ist daher nach SCHMIDT [145] »... die Arbeitsleistung der im Eigenvolumen des Sprengstoffes entstandenen Gase bei adiabatischer und umkehrbarer Ausdehnung«. Für die energetische Bewertung der Sprengstoffe bedeutet dies die Annahme, daß die Sprengstoffumsetzung ohne Wärmeverluste an die Umgebung abläuft und die Reaktionsprodukte den Laderaum ausfüllen, bevor das Bohrloch aufgeweitet oder die Vorgabe verschoben wurde. Unter diesen Voraussetzungen kann die maximale Arbeitsfähigkeit der Reaktionsprodukte ausgedrückt werden durch das Arbeitsintegral [32, 145].

$$A = -\int_{v_1}^{v_2} p\, dv = Q - q \tag{4}$$

Hier ist v_1 das spezifische Volumen der Reaktionsprodukte im Anfangs- oder Explosionszustand, v_2 das spezifische Volumen im Endzustand, d. h. beim Druck von 1 at, und q der Wärmeinhalt der Reaktionsprodukte, den diese noch besitzen, wenn der Überdruck verschwunden und der Endzustand beim Druck von 1 at erreicht ist.

Die Expansionsarbeit bzw. die sprengtechnisch nutzbare mechanische Arbeit wird also dem Energieinhalt der Reaktionsprodukte entnommen, wobei diese sich abkühlen. Zur Bestimmung des Arbeitsvermögens A, d. h. des Teiles der Gesamtenergie, der im thermodynamischen Sinne maximal in Arbeit umgewandelt werden kann, ist die Kenntnis der Gesamtenergie Q oder der Explosionstemperatur sowie der Restenergie q oder Temperatur im Endzustand beim Druck von 1 at notwendig.

Die bei einer Detonation freiwerdende Energie ist von den bei der chemischen Umsetzung eines Sprengstoffes entstehenden Reaktionsprodukten abhängig. Art und Konzentration dieser Reaktionsprodukte können grundsätzlich ermittelt werden, wenn man auf der Grundlage einer angenommenen Zustandsgleichung und den hydrodynamischen Gleichungen der Detonationstheorie die Detonationsparameter berechnet und die Gleichgewichtsbedingungen bestimmt. Während Detonationsdruck und -geschwindigkeit sich hinsichtlich der gewählten Zustandsgleichung als relativ unempfindlich erweisen, hängen die Gleichgewichtszusammensetzung der Reaktionsprodukte und folglich die freiwerdende Energie und Detonationstemperatur sehr stark von der Wahl der Zustandsgleichung ab [32, 116, 130].

Die Explosionswärme kann jedoch ohne Kenntnis der tatsächlichen Reaktionsprodukte auf Grund der Kompensation mancher Fehler durch gewisse Ausgleichsfaktoren [116, 130] in guter Näherung abgeschätzt werden, wenn man einen beliebigen Zerfallsmechanismus zugrundelegt, bei dem der Sauerstoff des Sprengstoffes zur Bildung von Wasserdampf, Kohlenmonoxyd und Kohlendioxyd verbraucht wird. Die frei werdende Explosionswärme wird für 18 oder 25° C und 1 at als Differenz zwischen den Bildungswärmen der Reaktionsprodukte und des Sprengstoffes errechnet, wobei bei Sprengstoffen mit merklichem Sauerstoffunterschuß die Gleichgewichtszusammensetzung der Reaktionsprodukte zu berücksichtigen ist. Die Bildungswärmen der üblichen Sprengstoffe und ihrer Zerfallsprodukte wurden in der Vergangenheit kalorimetrisch bestimmt und in thermochemischen Tabellen der Explosivstoffchemie zusammengestellt [32, 94, 142, 177 u. a.]. Für die Beurteilung der nach der Expansion den Reaktionsprodukten verbleibenden Restwärme spielt die Tatsache eine Rolle, daß sich die Unsicherheiten und Ungenauigkeiten der thermodynamischen Berechnungen kaum auswirken, da sich das Arbeitsvermögen A und die Explosionswärme Q bei den meisten Sprengstoffen nur wenig unterscheiden und der restliche, unausgenutzte Teil der Wärme in der Regel so klein ist, daß dessen Ungenauigkeit den in Arbeit umgesetzten Hauptteil der Wärme nur in geringem Umfang beeinflußt. Nach SCHMIDT [145] schwankt der Anteil $A:Q$ »... unter den Verhältnissen, wie sie bei festen Sprengstoffen vorliegen, nur um wenige Prozente ...«. COOK [32] findet bei Berechnungen der Restwärme q, daß diese im Bereich von ungefähr —10 bis 50 cal/g liegen, während die Explosionswärme etwa 700–1800 cal/g ausmacht. Das bedeutet, daß »... A im allgemeinen höchstens bis zu 7%, gewöhnlich höchstens bis zu 2% von Q abweicht«. Man begeht daher keinen merklichen Fehler, wenn man für die gewöhnlichen Sprengstoffe, insbesondere die C–H–N–O-Sprengstoffe, »... bei Ladedichten nahe 1 und Sprengstoffdichten oberhalb etwa 1,0 g/cm³ die Näherung

$$A \cong Q \qquad (5)$$

anwendet« [32] und »... den durch die Explosionswärme Q ausgedrückten Energieinhalt eines Explosivstoffes als Maß für dessen maximale Arbeitsfähigkeit ...« ansieht [145].

6.13 Begründung und Konzeption der Energiemeßmethode

Für die Bestimmung der Energie von Sprengstoffen gibt es eine Reihe experimenteller Möglichkeiten. Das wichtigste und genaueste Verfahren ist die Energiemessung mit dem Sprengstoff- oder Detonationskalorimeter, dessen Hauptbestandteil die sogenannte kalorimetrische Bombe ist – ein zylinder- oder kugelförmiger, dickwandiger Stahlbehälter mit einem Inhalt bis zu 10 Litern. Zur Messung der Detonationswärme wird die bei der Detonation einer kleinen Menge Sprengstoff von der verschlossenen Bombe aufgenommene Wärmemenge ermittelt, indem der Temperaturverlauf des Wasserbades, in dem die Bombe beim Versuch lagert, innerhalb einer Stunde verfolgt und gemessen wird. Aus den Zeit-Temperaturwerten kann die von der Bombe abgegebene Wärme ermittelt werden. Dieses Verfahren ist von vielen Experimentatoren mit Erfolg angewandt [70, 109 u. a.] und inzwischen so perfektioniert worden, daß innerhalb einer Stunde eine vollständige Messung mit einer Genauigkeit von $\pm$ 0,3% durchgeführt werden kann [109], wobei fast 100% der Energie erfaßt werden.

Für die experimentelle Durchführung der gestellten Aufgabe konnte das geschilderte Verfahren aus verschiedenen Gründen nicht angewendet werden. Durch praktische Erwägungen der Kalorimetertechnik ist die eingesetzte Sprengstoffmenge begrenzt; sie liegt gewöhnlich unter 10 g [70, 157 u. a.]. Da viele Sprengstoffe in kleineren Mengen nicht detonieren oder, selbst wenn sie detonieren, vielfach anderen chemischen Umsetzungen unterliegen als bei großen Mengen, schien dieses Energiemeßverfahren nicht geeignet. Selbst bei der Möglichkeit der Messung größerer Ladungen bis etwa 120 g, die neuerdings bekannt geworden sind [109, 133, 161 u. a.], könnte das Problem der Energiemessung eingeschlossener Ladungen wegen des begrenzten Innenraumes der Kalorimeter-Bombe nur sehr schwer – wenn überhaupt – gelöst werden.

Auch die zur Bestimmung der Energie von Sprengstoffen benutzten ballistischen Meßverfahren wie ballistischer Mörser [162, 163] sowie die ballistischen Pendel nach SCHMIDT [144] und ROTH [130], eignen sich in ihrer gegenwärtigen Form für Energiemessungen eingeschlossener Ladungen nicht. Außerdem erfassen sie die Gesamtenergie von Sprengstoffen nur mit einem Wirkungsgrad in der Größenordnung von etwa 50%.

Inwieweit die vor einigen Jahren bekannt gewordenen Unterwassersprengungen, bei denen der Druck- und Schwingungsverlauf der unter Wasser durch eine Sprengstoffumsetzung entstehenden Gasblase mit Piezoaufnehmern gemessen und auf die ent-

sprechenden Energiewerte umgerechnet werden, zur Energiemessung eingeschlossener Ladungen verwendet werden können, muß angesichts der Tatsache, daß die Einschlußbedingungen der Ladung bei Sprengversuchen unter Wasser nicht allein vom Probekörper abhängen, zweifelhaft erscheinen.
Somit bot sich als einzige Möglichkeit zur Energiemessung auch eingeschlossener Ladungen ein von MALLARD und LE CHATELIER [90, 94, 126 u. a.] im Jahre 1884 konzipiertes und praktiziertes Verfahren an, das in der Folgezeit kaum mehr in größerem Umfange angewendet wurde. Das Prinzip dieser Meßmethode besteht in der Erkenntnis, daß der Druck, der sich kurz nach der Detonation hochbrisanter Sprengstoffe in einem verschlossenen Behälter entwickelt, zur Messung der Explosionswärme hochbrisanter Sprengstoffe herangezogen werden kann. MALLARD und LE CHATELIER fanden heraus, daß sich wenige Sekunden bzw. in Bruchteilen von Sekunden nach der detonativen Umsetzung in dem verschlossenen Behälter ein hydrostatischer Druck entwickelt, dessen maximaler Wert mit der Zustandsänderung für adiabatische Erwärmung eines idealen Gases innerhalb eines bestimmten Volumens gut übereinstimmte [44, 90 u. a.].
Wenn eine Wärmemenge Q einem Gas zugeführt wird, dessen Verhältnis der spezifischen Wärmemengen c_p/c_V gleich $\varkappa$ ist und dessen Volumen V beträgt, dann entspricht der Druckanstieg Δp bei adiabatischer Erwärmung laut der in Anlage 12 gegebenen Ableitung folgender Beziehung:

$$\Delta p = \frac{Q(\varkappa - 1)}{V} \tag{6}$$

Nicht berücksichtigt ist in dieser Gleichung das zusätzlich bei der Sprengung entstehende Volumen der gasförmigen Reaktionsprodukte.
Der entsprechende Korrekturfaktor ist bei Verwendung von Ladungen $\leqq 100$ g in einem Kesselvolumen von rd. 21 m^3 mit $\leqq 0{,}5\%$ gering. Auch die Abweichungen der tatsächlichen Verhältnisse und Bedingungen von den Annahmen und Voraussetzungen der Gasgesetze für ideale Gase fallen nach FILLER [44], der mit dem gleichen Verfahren Messungen durchführte, nicht ins Gewicht, da der hydrostatische Druck bei den genannten Größenverhältnissen einen Wert von 0,1 kp/cm^2 = 0,1 at nicht übersteigt und die im Behälter entstehenden Temperaturen niedriger als 50° C lagen.
Diese Konzeption bildete die Grundlage für die Messung der bei der Umsetzung hochbrisanter Sprengstoffe detonativ freigesetzten und der bei eingeschlossenen Ladungen zur Zertrümmerung und Erwärmung des Einschlusses verbrauchten Energiemenge. »Für diese die Sprengtechnik nicht minderwichtige Arbeitsgröße ist keine sonstige Meßmethode bekannt« [126].

6.2 Meßverfahren und Versuchsanlagen

6.21 Energiemeßanlage

Kernstück der durchgeführten Untersuchungen waren die Energiemessungen. Dabei wurden in einem verschlossenen Behälter Sprengstoffproben ohne und mit Einschluß zur Umsetzung gebracht und die entstehende Druckerhöhung gemessen. Aus dem Druckanstieg bei der Sprengung, dem Kesselvolumen und der Art der Gasfüllung des Kessels läßt sich die in dem Behälter freiwerdende Wärmemenge nach der im vorigen Kapitel und in der Anlage 12 beschriebenen Art bestimmen. Die Differenz der bei Ladungen ohne und mit Einschluß gemessenen Energie stellt den Energieverbrauch bzw. -aufwand dar, der zur Zerstörung einer die Ladung umschließenden Gesteinsprobe notwendig ist. Zur Untersuchung der Sprengbarbeit verschiedener Gesteinsarten wurden

aus diesen Probekörper unterschiedlicher Abmessungen hergestellt und der Energieaufwand für deren Zerstörung sowie dessen Änderungen mit der Veränderung der Abmessungen des Probekörpers oder mit wechselnden Gesteinsarten untersucht.
Zur Durchführung der Sprengversuche und Energiemessungen wurde ein zylinderförmiger Stahlbehälter mit einer Wandstärke von 6 mm, einer Länge von rd. 6,4 m und einem Durchmesser von 2 m benutzt (Abb. 9). Das Volumen des Kessels beträgt 20,9 m³. Als Zugang zum Kessel für elektrische und Druckleitungen, zum Einbringen der Sprengproben sowie zum Einstieg dienten zwei Mannlochdome von 800 und 600 mm Durchmesser mit aufgeschraubten und abgedichteten Deckeln. Der größere der beiden Dome war in der Mitte oben und der andere auf der unteren Seite in Nähe des einen Kesselbodens, nach dem der flachliegende Behälter leicht geneigt war, angebracht. Von beiden Domen führten stationär verlegte Druckleitungen von 8 und 2 m Länge in einen Meßraum, der direkt neben dem im Freien gelagerten Behälter lag (Abb. 9c).
Zur Druckmessung wurden induktive Gasdruckaufnehmer der Firma Hottinger, Darmstadt, Typenreihe P 1, benutzt, die im Meßraum an die Druckleitungen angeschlossen waren. Obwohl der hauptsächlich benutzte Aufnehmer Type P1/0,2 mit einer Eigenfrequenz von 700 Hz relativ langsam anspricht, eignet er sich jedoch für die mehr oder weniger statische Messung des sich langsam ändernden Druckpegels sehr gut. Infolge der Schwingungen der Kesselfüllung, der Kesselwandung und des gesamten Meßsystems während der Sprengung konnte der Druck im Zeitpunkt Null, d. h. im Augenblick der Umsetzung, ohnehin nicht gemessen werden. Erst nach Abklingen dieser Schwingungen innerhalb von 0,5 bis 1,5 Sekunden stellte sich ein relativ langsam abnehmender Druckpegel ein, dessen Höhe und Veränderung in den ersten 5–10 Sekunden oder auch noch länger gemessen wurde. Der meistens benutzte Gasdruckaufnehmer P 1/0,2 hat einen Meßbereich von 0 bis 0,2 kp/cm² und gestattete in Verbindung mit dem Meßverstärker bei einem kleinsten Druck von 0,002 kp/cm² Vollausschlag am Verstärker bzw. am Registriergerät. Das Meßprinzip des induktiven Gasdruckaufnehmers P 1/0,2 besteht darin, daß eine Membrane aus Kupfer-Beryllium sich bei Einwirkung des Druckes elastisch verformt und die Verformung mit Hilfe eines induktiven Wegaufnehmers in elektrische Werte umgewandelt wird, die dem Druck proportional sind. Die von dem Aufnehmer gelieferten und den mechanischen Meßwerten proportionalen Meßspannungen wurden durch einen Trägerfrequenzmeßverstärker KWS II/5 der Fa. Hottinger, Darmstadt, verstärkt und einem Lichtstrahloszillographen AF 8 N/B der Fa. Fischer, Göttingen, zugeführt, von diesem angezeigt und auf Filmen von 127 mm Breite registriert. Dabei wurden Galvanometer der Typen 2,8/7 und 45/5 mit Eigenfrequenzen von 280 und 4500 Hz benutzt. Bei Verwendung des Galvanometers mit 280 Hz Eigenfrequenz begrenzte dieser die Ansprechschnelle des Systems und bei Verwendung der Type 45/5 war der Aufnehmer das langsamste Glied. Es zeigte sich jedoch, daß die Resonanzfrequenz des Druckbehälters noch wesentlich niedriger lag und somit die genannten Geräte wahlweise und in beliebiger Kombination eingesetzt werden konnten.
Obwohl die Aufnehmer geeicht und die Umrechnungsfaktoren bekannt waren, wurde die gesamte Apparatur mit Hilfe eines zwischengeschlossenen Wassermanometers von Zeit zu Zeit neu geeicht, indem Gas der entsprechenden Kesselfüllung in den Sprengkessel eingeblasen wurde. Dies war notwendig, weil je nach den atmosphärischen Bedingungen der Nullpunkt sich täglich, manchmal stündlich, änderte und neu eingestellt werden mußte.

6.22 Sprengzerlegungsanlage

Der Energieaufwand beim Sprengen von Gestein kann den Sprengerfolg nicht ausreichend kennzeichnen, da bei gleichen Probekörperabmessungen und gleichem Energieaufwand die Effektivität einer Ladung unterschiedlich sein kann. Zwei Gesteine mit gleich hohem Energieaufwand, aber unterschiedlichem Zerkleinerungsgrad, besitzen sicherlich eine unterschiedliche Sprengbarkeit. Es ist daher erforderlich, bei der Beurteilung des Sprengverhaltens unter dem Gesichtspunkt des Energieaufwandes diesen auf den Grad der Zerkleinerung des Gesteins zu beziehen. Die physikalisch einwandfreieste Größe zur Kennzeichnung des Zerkleinerungsgrades ist die Oberflächenzunahme oder -vermehrung. Diese läßt sich messen oder aus der Siebanalyse des zerkleinerten Gutes bestimmen. Somit kann durch Bezugnahme des Energieaufwandes auf die den Zerstörungsprozeß kennzeichnende Oberflächenzunahme die Sprengbarkeit von Gestein als spezifischer Energieaufwand ermittelt werden.
Da angenommen werden mußte, daß die Bruchstücke beim Sprengen im Luftbehälter durch den Aufprall an den Wandungen einer Nachzerkleinerung unterliegen, mußte nach einer Möglichkeit gesucht werden, die Sprengungen unter gleichen Einschlußbedingungen wie bei der Energiemessung zuließ, eine Nachzerkleinerung der Bruchstücke jedoch ausschloß. Dies schien dadurch möglich, daß die Sprengungen zur Bestimmung der Splittermassenverteilung in einer Luftblase unter Wasser durchgeführt werden, so daß die Sprengung der Probe an sich in Luft vor sich geht, die Splitter aber in der Wasserhülle ohne zusätzliche Zerkleinerungseffekte aufgefangen und abgebremst werden.
Für diese Untersuchung wurde auf Grund dieser eigenen Überlegungen eine Sprengzerlegungsanlage konstruiert und aufgebaut (Abb. 10), die – wie sich später herausstellte – im Prinzip ähnlichen Anlagen zur Bestimmung der Splittermassenverteilung militärischer Granaten entspricht [61, 84].
Die Anlage besteht aus einem offenen Stahlbehälter von knapp 2 m Durchmesser, 1,65 m Höhe und ca. 5 m³ Inhalt. Um eine Luftblase mit dem vorgesehenen Durchmesser von rd. 50 cm unter Wasser zu halten, werden mehrere meteorologische Ballonhüllen übereinandergestülpt, aufgeblasen und zur Befestigung in einem Ballnetz aus Kunststoffaser mit gleichem Durchmesser untergebracht. Da eine Luftblase von 50 cm Durchmesser einen Auftrieb von rd. 65 kg besitzt, wird das Netz mit Luftballon mit einer rd. 100 kg schweren Eisenplatte starr verbunden und mit dieser abgesenkt. Die Eisenplatte wird zur Befestigung des Ballons mit einem Flaschenzug, der an einem Dreibock angebracht ist, aus dem Wasser gehoben. Um die Sprengprobe genau in der Luftblase zu zentrieren, wird sie ebenfalls am Flaschenzug befestigt, so daß das gesamte System Platte–Luftblase–Sprengprobe relativ starr ist. Die Befestigungen werden auch während der Sprengung nicht gelöst.
Nach einer oder mehreren gleichartigen Sprengungen wird das Wasser abgelassen. Vorher wird abgewartet,bis die Sedimentation möglichst aller schwebenden Teile stattgefunden hat. Der größte Teil des Behälters wird über einen seitlich ca. 5 cm über dem Behälterboden angebrachten Abfluß entleert. Der Rest des Wassers wird zusammen mit den sedimentierten Gesteinsteilchen über eine Bodenentleerung entnommen. Das auf diese Art gewonnene Material wird gesäubert und getrocknet; die Kornfraktionen werden durch Schlämm- und Siebanalyse bestimmt.

6.23 Meßanlage zur Ermittlung der Druckwellen-, Bruch- und Splittergeschwindigkeit

Zur Beurteilung und Deutung des Sprengverhaltens von Gestein und der zur Zerstörung der Gesteinsprobe aufgenommenen bzw. verbrauchten Energie schien es nützlich und wertvoll, Aufschluß und Anhaltspunkte über die Aufteilung des Energieverbrauches, insbesondere über die Anteile für die eigentliche Zerstörung und das Wegschleudern der Bruchstücke bei der Sprengung, zu erhalten. Aus diesem Grunde wurden als Ergänzung zu den Messungen des spezifischen Energieverbrauches gleichzeitig mit diesen verschiedene Zeitdaten wie Zündzeitpunkt, Probenbruchzeitpunkt sowie Zeitpunkt der Ankunft der Bruchstücke an einer Stelle in bestimmter Entfernung von der Probe aufgenommen und die entsprechenden Geschwindigkeiten ermittelt.

Als wichtiges Kriterium des Sprengverhaltens von Gestein kann die Geschwindigkeit der Bruchbildung angesehen werden. Diese läßt sich aus der Differenz der Zeitintervalle bis zum Probenbruch bzw. bis zur Detonation der Ladung bestimmen. Der Zeitpunkt der Detonation, d. h. ihrer Auslösung, kann ermittelt werden, wenn durch eine entsprechende elektrische Schaltung des Zündstromkreises die Zündstromkurve einer Zündmaschine auf dem Schirm eines Oszillographen dargestellt wird. Die bei den Untersuchungen benutzte Kondensatorzündmaschine ZEB/CA 30 der Zünderwerke Ernst Brün, Krefeld, erzeugt eine Zündstromkurve, wie sie in der Abb. 11a dargestellt ist. Ist der Zündstromkreis über einen elektrischen Zünder kurzgeschlossen, dann wird in dem Augenblick, in dem durch Erhitzung der Glühbrücke die Zündpille zur Entzündung kommt, die Glühbrücke zerstört und der Stromkreis unterbrochen, während gleichzeitig die Zündung der Sprengkapsel und somit die Umsetzung der Ladung ausgelöst wird. Wenn der Stromkreis unterbrochen wird, fällt der Zündstrom auf Null Ampere, wie dies in Abb. 11b dargestellt ist und sich bei entsprechender Schaltung auch auf dem Schirm eines Oszillographen registrieren läßt.

Unter Berücksichtigung der Zeit, die für die Reaktion des Zünders und die Umsetzung der Ladung notwendig ist, kann vom Zeitpunkt der Zündung aus gerechnet der Beginn der Beanspruchung der Probe an einer bestimmten Stelle ermittelt werden.

Der Zeitpunkt des Probenbruches wird mit Hilfe einer dünnen, stromdurchflossenen Leiterschleife bestimmt, die mit einem Spezialklebemittel auf der Probe befestigt wird und mit dem Bruch der Probe zerreißt. Der elektrische Kreis ist so geschaltet, daß im Zeitpunkt seiner Unterbrechung ein Signal erzeugt wird, das sich auf einem Oszillographenschirm als ein Strahlensprung darstellen läßt.

Auch die Ermittlung der Geschwindigkeit der Bruchstücke läßt sich auf eine Zeitmessung reduzieren. Ähnlich wie bei der Messung des Probenbruchzeitpunktes wird bei der Splittergeschwindigkeitsmessung eine stromdurchflossene Leiterschleife, die zickzackförmig über einen in einiger Entfernung von der Probe angebrachten Holzrahmen gespannt ist, beim Passieren der Bruchstücke zerstört und der Stromkreis unterbrochen. Das dabei entstehende Signal läßt sich ebenfalls auf einem Oszillographenschirm darstellen.

Im Zusammenhang mit diesen Messungen wurde als zusätzliches Informationsdatum die Ankunftszeit der Druckwelle am Deckel des Behälters, an dem auch das Netz zur Messung des Durchschlagszeitpunktes befestigt war, aufgenommen und registriert. Die für diese Messungen benutzten Meß- und Versuchsanordnungen sind in Abb. 12 schematisch dargestellt.

Kernstück dieser Meßanlage ist ein Zweistrahl-Oszillograph Type 556 der Fa. Tektronix, Beaverton/Oregon, USA, dessen Eingänge mit getrennten Zeitbasen ausgerüstet sind, und der über zwei Zweikanaleinschübe »1 A 1« verfügt. Damit ist es möglich, gleichzeitig den Zündzeitpunkt, den Probenbruchzeitpunkt, die Zerstörung des Netzes und die Ankunft der Druckwelle am Deckel des Behälters aufzuzeichnen und mit einer Polaroid-Kamera auf einem Bild fotografisch festzuhalten. Für die Druckmessung wird ein Piezo-Gasdruck-Aufnehmer Type 412 der Fa. Kistler, Winterthur/Schweiz, mit zugehörigem Ladungsverstärker, Type 568 Y 1 der gleichen Firma benutzt.

6.3 Versuchsdurchführung und Auswertung

6.31 Energiemessungen

Als Sprengstoff wurde für die gesamte Untersuchung Pentaerythrittetranitrat (PETN) oder Nitropenta verwandt. Nitropenta ist ein fester Salpetersäureester von der Zusammensetzung $C_5H_8N_4O_{12}$, der Dichte 1,70 und einer Sauerstoffbilanz von —10,1%. Bei einer Explosionstemperatur von 4200°C und einem Normalgasvolumen von 780 l/kg liegt die Explosionswärme oder Gesamtenergie bei 1400 kcal/kg. Infolge der hohen Sensibilität von reinem Nitropenta wurde für die Untersuchung eine mit rd. 10% Wachs phlegmatisierte Abart in Form von Preßkörpern mit 25 mm Durchmesser und 25 mm Höhe benutzt. Diese sogenannten NP-10-Preßkörper hatten ein mittleres Gewicht von 18,2 g und in der Mitte eine Bohrung zur Einführung eines elektrischen Sprengzünders.

Für die Wahl von Nitropenta als Sprengstoff für die Untersuchung war entscheidend, daß er »... der sprengkräftigste und zugleich brisanteste aller praktisch anwendbaren, kristallinen, einheitlichen Explosivstoffe ...» [145] ist und somit die Gewähr besteht, daß er auch ohne Einschluß und in den kleinen Mengen, die bei Experimenten benutzt werden, völlig und einwandfrei durchdetoniert. Die ausgeprägte Detonationsfähigkeit von Nitropenta garantiert auch bei kleinen Sprengkörpern die vollkommene Umsetzung und die Freigabe der maximalen Energie. Da man außerdem nach Schmidt [145] annehmen kann, »... daß bei Nitropenta in der Detonationswelle dort, wo der Höchstdruck erreicht ist, auch die Umwandlung ganz oder zum größten Teil beendet ist« und somit die gesamte Energie detonativ frei wird, war eine weitere Voraussetzung für die Verwendung von Nitropenta im Rahmen der beabsichtigten Energieuntersuchungen gegeben.

Die Angaben über die Explosionswärme von reinem Nitropenta schwanken je nach den Annahmen, die den Berechnungen zugrunde gelegt wurden, oder den Versuchsbedingungen bei den kalorimetrischen Bestimmungen relativ stark. Die Werte reichen von 1535 kcal/kg bis 1307 kcal/kg, und zwar geben an: Wöhler–Roth [172] 1535, Lenze [83] 1528, Stettbacher [154] 1526, Friedrich–Brün [50] 1525, Tonegutti [165] 1466, Are Memo [97] 1450, Stettbacher [155] 1442, Naoūm [102] 1403, Haid–Schmidt [62] 1385, ENCYCLOPEDIA of CHEMICAL TECHNOLOGY [42] 1385, Tonegutti [165] 1343 und Schmidt [165] 1307 kcal/kg. Der jüngste bekanntgewordene Wert stammt von Ornellas u. a. [109], die kalorimetrisch den Wert 1490 $\pm$ 6 cal/g für Nitropenta ermittelt haben.

Für die Messung der Explosionswärme des verwendeten Nitropenta mit 10% Wachs – die Nullmessung – wurden vier NP-10-Körper von 72,8 g in Stanniolpapier verpackt und bestückt mit einem elektrischen Kupfer-Moment-Zünder, dessen Primärladung aus 0,15 g Bleiazid (PbN_6) und dessen Sekundärladung aus 0,25 g Nitropenta (PETN) besteht, in den Sprengkessel eingelassen. Nachdem dieser sorgfältig verschlossen und abgedichtet war, wurden Kapsel und Ladung gezündet und die entstehende Druckerhöhung in ihrem zeitlichen Verlauf mit der beschriebenen Meßanlage registriert. Dabei erhält man den in Abb. 13 dargestellten Kurvenverlauf.

Aus der Abbildung ist ersichtlich, daß im Augenblick der Detonation im Sprengkessel große Druckschwankungen entstehen, während sich gleichzeitig ein hydrostatischer Druck ausbildet, der langsam abfällt. Dieser Druckabfall resultiert aus dem Wärmeverlust der Gase an ihre Umgebung.

Um die Druckdifferenz im Zeitpunkt Null, d. h. im Augenblick der Detonation zu erhalten, wird die aufgezeichnete Druck–Zeit-Kurve extrapoliert. Da die zeichnerische

Extrapolation ungenau ist, wurde versucht, das Abklingen des Druckunterschiedes mathematisch darzustellen. ROTH [126] fand bei Versuchen, daß die relative Abnahme des Überdruckes $\frac{d(\Delta p)}{\Delta p}$ je Zeitdifferential dt proportional dem jeweiligen Überdruck Δp ist, so daß man schreiben kann:

$$\frac{d(\Delta p)}{\Delta p} = -m \Delta p \, dt \tag{7}$$

wobei m eine Konstante ist, die von den Versuchsbedingungen abhängt. Mit Hilfe dieser Beziehung kann die Druckdifferenz im Zeitpunkt Null oder für den Detonationszeitpunkt, aber auch für jeden anderen Zeitpunkt berechnet werden, wenn die Druckdifferenzen Δp_1 und Δp_2 zu den Zeiten t_1 bzw. t_2 bekannt sind und in folgende, in der Anlage 13 abgeleitete Beziehung eingesetzt werden:

$$\Delta p_0 = \frac{(t_1 - t_2) \Delta p_1 \Delta p_2}{\Delta p_1 t_1 - \Delta p_2 t_2} \tag{8}$$

Der Vergleich der unter Berücksichtigung der in Anlage 13 genannten Einschränkungen rechnerisch auf Grund zahlreicher Ablesungen ermittelten Nullwerte zeigte relativ geringe Schwankungen in einem Bereich von etwa $\pm 2\%$. Man kann somit auf der Grundlage des angenommenen »Abklinggesetzes« eine gute Annäherung an die tatsächliche Abklingkurve erreichen. Verschiedene Anzeichen deuten jedoch darauf hin, daß der bezogene Druckabfall in den ersten beiden Sekunden relativ stärker ist als in den nachfolgenden, so daß die ermittelten Energiewerte eher zu niedrig als zu hoch liegen. Eine Überprüfung oder der Nachweis dieser Vermutung war mit der bestehenden Meß- und Versuchsanlage nicht möglich, doch ist anzunehmen, daß die Abweichungen relativ gering sind.

Die ersten Energiemessungen wurden durchgeführt, ohne daß der Behälter mit einer besonderen Gasart gefüllt war; dies bedeutet, daß der Sprengkessel atmosphärische Luft enthielt. Die erhaltenen Energiewerte lagen zwischen 2000 und 2200 cal/g Sprengstoff.

Der Vergleich dieser Werte mit den theoretisch und kalorimetrisch ermittelten und zwischen 1400 und 1500 kcal/g liegenden Explosionswärmen zeigt, daß es sich bei den in Luftfüllung des Behälters gemessenen Werten nicht um die Explosionswärme handeln kann. Die Erklärung hierfür ist recht einfach. Bei Vorhandensein von Sauerstoff oxydieren bzw. verbrennen die Reaktionsprodukte solange weiter, bis der Sauerstoff aufgebraucht oder durch Abkühlung der Gase die Reaktion unterbrochen wird. Mit zunehmendem Sauerstoffgehalt der Gasfüllung des Behälters wird an Stelle der Explosionswärme die Verbrennungswärme gemessen. FILLER [44] hat die freiwerdende Wärmemenge von TNT in Abhängigkeit von der Sauerstoffkonzentration der Gasfüllung des Behälters untersucht und den in Abb. 14 dargestellten Zusammenhang gefunden.

Auf die vorliegende Untersuchung bezogen bedeutet dies anzunehmen, daß bei der Umsetzung des Sprengstoffes im luftgefüllten Behälter ein Teil der Reaktionsprodukte mit dem in der Luft vorhandenen Sauerstoffanteil verbrannte. Theoretisch liegt die Verbrennungswärme von NP 10 unter Zugrundelegung der Verbrennungswärmen nach SCHMIDT [142] für reines Nitropenta von 1960 kcal/kg (H_2O flüssig) und für Wachs von 10257 kcal/kg (H_2O flüssig) bei rd. 2800 kcal/kg. Die bei den Versuchen festgestellte Zunahme der Wärmemenge mit der Abnahme der eingesetzten Sprengstoffmenge von 2000 cal/g bei einer 109,2-Gramm-Ladung

über 2060 cal/g bei einer 72,8-Gramm-Ladung

und 2100 cal/g bei einer 54,6-Gramm-Ladung

auf 2200 cal/g bei einer 36,4-Gramm-Ladung

läßt den Schluß zu, daß das Verhältnis der Sauerstoffkonzentration zur entstehenden Gasmenge für den Umfang der freigesetzten Wärmemengen eine Rolle spielt, was im Prinzip den Feststellungen FILLERS entspricht.

Da bei der technischen Anwendung von Sprengstoffen in Bohrlöchern oder sonstigen Laderäumen die Reaktion ausschließlich von dem chemisch gebundenen Sauerstoff getragen wird und selbst bei Vorhandensein von Luftsauerstoff bei frühzeitiger Zerstörung des Einschlusses eine Verbrennung der Reaktionsprodukte wegen deren Abkühlung infolge Arbeitsleistung in der Regel nicht stattfindet, kann nur die Explosionswärme die Wirksamkeit eines Sprengstoffes charakterisieren. Um diese messen zu können, muß eine nachträgliche Verbrennung der Reaktionsprodukte verhindert werden. Dies kann geschehen, wenn durch Auffüllen des Behälters mit technisch reinem Stickstoff der Sauerstoffanteil der Gasfüllung verdrängt wird. Die Stickstoffüllung des Behälters verhindert eine Nachreaktion der Reaktionsprodukte, die mit einer zusätzlichen Energiefreigabe verbunden wäre, und der gemessene Energiewert entspricht der Explosionswärme.

Für die Berechnung der Wärmemenge aus der Druckdifferenz im Detonationszeitpunkt entsprechend der in Anlage 12 abgeleiteten Formel ist die Kenntnis des adiabatischen Exponenten notwendig, dessen zahlenmäßiger Wert sich aus dem Verhältnis der spezifischen Wärmen bei konstantem Druck c_p und konstantem Volumen c_V bestimmt. Die spezifischen Wärmen in cal/(g grd) sind bei 18°C für Luft $c_p = 0{,}240$ und $c_V = 0{,}1715$; für Stickstoff sind die entsprechenden Werte $c_p = 0{,}248$ und $c_V = 0{,}177$. Daraus ergibt sich für Luft $\varkappa = 1{,}399$ und für Stickstoff $\varkappa = 1{,}401$. Da die spezifischen Wärmen druck- und temperaturabhängig sind, müßten die genannten Werte entsprechend den bei den Untersuchungen herrschenden Druck- und Temperaturbedingungen korrigiert werden. FILLER rechnete bei seinen Untersuchungen mit $\varkappa = 1{,}396$ bei Stickstoffüllung und $\varkappa = 1{,}384$ bei Luftfüllung. Da die Versuchsbedingungen zur Durchführung dieser Arbeit wesentlich niedrigere Werte hinsichtlich Druck und Temperatur zur Folge hatten, schien es gerechtfertigt und ausreichend genau, wenn mit $\varkappa = 1{,}4$ gerechnet wurde.

6.32 Messung des spezifischen Energieaufwandes verschiedener Gesteine

Zur Messung des Energieverbrauches oder -aufwandes beim Sprengen wurde eine bestimmte Menge Sprengstoff in zylindrischen Gesteinskörpern, die zur Aufnahme der Ladung eine zentrische Bohrung erhalten hatten, im verschlossenen Sprengkessel abgeschossen. Die freiwerdende Energiemenge wurde – wie beschrieben – aus der bei der Umsetzung der Ladung entstehenden Druckerhöhung und deren zeitlichem Abklingen ermittelt. Aufzeichnung und Auswertung der Druck–Zeit-Kurven entsprachen der in Abb. 13 und Anlage 13 erläuterten Methode. Der Energieverbrauch bzw. -aufwand zur Zerstörung des Einschlusses ergab sich aus der Differenz zwischen der bei der Nullmessung ermittelten Gesamtenergie des Sprengstoffes und der bei eingeschlossenen Ladungen gemessenen Restenergie. Die bei den Sprengungen verwendeten Gesteinsprobekörper wurden mit Diamanthohlbohrern aus Gesteinsplatten mittels einer stationären Gesteinsbohrmaschine ausgebohrt. Im einzelnen konnten damit Bohrkerne von

30 bis 100 mm Durchmesser gebohrt werden. Das Ladebohrloch zur Aufnahme der Sprengladung hatte einen Durchmesser von 25 mm, so daß die Wandstärken des Einschlusses je nach dem Durchmesser D des Bohrkerns $\frac{D-25}{2}$ mm, d. h. 2,5 bis 37,5 mm betrugen. Die Länge L der Gesteinsproben wurde mit

$$L = 100 + \frac{D-25}{2} \text{ [mm]} \tag{9}$$

so gewählt, daß die Bodenstärke der Gesteinshülse deren Wandstärke entsprach. Das Ladebohrloch wurde mit 4 NP-10-Körpern von je 25 mm Höhe und Durchmesser geladen. Das bedeutet, daß das gesamte Ladebohrloch mit Sprengstoff ausgefüllt war und auf Besatz verzichtet wurde. Diese Anordnung wurde gewählt, um einmal den Einfluß des Besatzes auf das Sprengergebnis auszuschalten, und weil andererseits die Herstellung einer völlig geschlossenen Probe bei allseitigem Einschluß der Ladung wegen der Auflagen durch die Bestimmungen der Unfallverhütungsvorschriften, der Sprengstoffgesetze und des Kriegswaffengesetzes nicht realisiert werden konnte. Bei drei Gesteinsarten standen außer den selbstgefertigten Probekörpern noch einige weitere mit Durchmessern über 100 mm zur Verfügung, die auf die entsprechende Länge zugeschnitten wurden. Die Abmessungen der verwendeten Probekörper im einzelnen sind in Anlage 14 zusammengestellt.

Um bei einer Gesteinsart möglichst viele Probekörper mit annähernd gleichen physikalisch-mechanischen und petrografischen Eigenschaften zu erhalten, wurden alle Bohrkerne aus einer einzigen Gesteinsplatte herausgebohrt. Die verwendeten Gesteinsplatten entstammten fast ausschließlich Betrieben der Werksteingewinnung und waren vor den Versuchen Sprengeinwirkungen noch nicht ausgesetzt. Damit war gewährleistet, daß die physikalische und mechanische Anisotropie und Heterogenität nur in sehr engen Grenzen schwankte und auf die Untersuchung praktisch keinen Einfluß nahm bzw. vernachlässigt werden konnte.

Im einzelnen wurden folgende Gesteinsarten, die einen großen Bereich der Festigkeitseigenschaften umschließen, untersucht:

1 Basalt aus Hoffeld (Eifel)
2 Kalkstein aus Wülfrath
3 Grauwacke aus Kleinhammer b. Werdohl
4 Granit 1 aus Roßbach (Bayern)
5 Granit 2 aus Seußen (Bayern)
6 Sandstein aus Ebelsbach am Main
7 Tuff aus Weibern (Eifel)
8 Mergel aus Valkenburg (Niederlande)

Die Gesteinsarten wurden petrografisch [146] und hinsichtlich ihrer physikalisch-mechanischen Eigenschaften untersucht. Die Ergebnisse sind in der Anlage 15 zusammengestellt.

Für die Ermittlung der dynamischen Elastizitätskonstanten wurde das sogenannte EG-Meter, Bauart Kottas, der Firma Wissenschaftlich-Technische Werkstätten, Weilheim (Obb.), benutzt, das grundsätzlich die Messung der Resonanzfrequenzen bei Längs-, Torsions- und Biegeschwingungen sowie die Bestimmung der Laufzeit von Ultraschallwellen erlaubt. Bei Kenntnis dieser elastischen Grundwerte können die verschiedenen E-Moduln, die Ausbreitungsgeschwindigkeit elastischer Wellen sowie die Querkontraktionszahlen berechnet werden. Es ist allerdings darauf hinzuweisen, daß die Messung der Torsionswellenresonanzfrequenz, die in Verbindung mit der Dehnwellenresonanzfrequenz und den daraus zu ermittelnden E-Modul E und Torsionsmodul G die Bestimmung der Poissonschen Zahl μ nach der Beziehung

$$\mu = \frac{E}{2\,G} - 1 \tag{10}$$

gestattet, außerordentlich schwierig und in den meisten Fällen nicht eindeutig ist. Vielfach konnten die gemessenen Resonanzfrequenzen für Torsionswellen mit den anderen gemessenen dynamischen Werten nicht in Einklang gebracht werden, und wenn dies trotzdem »glückte«, schwankten die Querkontraktionszahlen in einem Bereich, der Zweifel an der Richtigkeit der Messung aufkommen ließ. Die gleiche Erfahrung machte u. a. auch SUTHERLAND [158], der zu der Ansicht gelangte, daß die schalltechnisch ermittelten Querkontraktionszahlen unzuverlässig, wenn nicht sogar völlig unakzeptabel sind. Unter diesem Vorbehalt sind die in der Anlage 15b aufgeführten Poissonschen Zahlen und alle darauf beruhenden Werte, wie die Longitudinalwellengeschwindigkeit und der Schallwellenwiderstand bzw. die Impedanz der Gesteine zu beurteilen. Da man jedoch annehmen kann, daß die Poissonschen Zahlen der untersuchten Gesteine in einem Bereich zwischen 0,1 und 0,3 liegen, wirken sich Fehler bei ihrer Bestimmung auf die Werte der Longitudinalwellengeschwindigkeit und der Impedanz nicht sehr stark aus. In der Beziehung

$$c_L = c_D \sqrt{\frac{1-\mu}{(1+\mu)\,(1-2\,\mu)}}\,, \tag{11}$$

aus der die Longitudinalwellengeschwindigkeit C_L mit der Dehnwellengeschwindigkeit C_D und der Poissonschen Zahl μ errechnet wird, nimmt der Wurzelausdruck für Querkontraktionszahlen zwischen 0,1 sind 0,3 entsprechende Multiplikationswerte von 1,011 bis 1,158 an.

Eindeutig dagegen sind die auf Grund der gemessenen Dehnwellenresonanzfrequenz und der Laufzeit der Dehnwellen ermittelten E-Moduln und Dehnwellengeschwindigkeiten, die daher als Grundlage für die Beurteilung des physikalisch-mechanischen Gesteinsverhaltens dienen sollen.

Zur Kennzeichnung der Sprengbarkeit von Gestein im Sinne dieser Untersuchung als spezifischer Energieaufwand in [cal/m²] oder [erg/cm²] ist es notwendig, den beim Sprengen von Gestein gemessenen Energieverbrauch auf die neu geschaffene Oberfläche der entstandenen Körnungen zu beziehen. Aus diesem Grunde wurden die bei den Sprengzerlegungsversuchen erhaltenen Körnungen einer Korngrößenanalyse unterzogen, um Anhaltspunkte über die entstandene Oberfläche zu erhalten. Für körniges Gut mit Korngrößen über 63 μ wurde entsprechend den Kornklassen der DIN 4187 und DIN 4188 [35, 36] die Masse in den einzelnen Klassen durch Siebung als Rückstand auf den Sieben ermittelt. Die Korngrößenverteilung feinkörnigen Materials mit Korngrößen unter 63 μ wurde mittels Sedimentationsanalyse nach der sogenannten Aräometermethode bestimmt, bei der die zeitliche Konzentrations- bzw. Dichteänderung der Suspension durch eine spezielle Senkspindel ermittelt wird. Aus der Sedimentationsdauer und der entsprechenden Dichte kann die Konzentration der Suspension errechnet und die Rückstandssummenverteilung mit auf dem Stokesschen Gesetz basierenden Nomogrammen bestimmt werden.

Aus den Korngrößenanalysen können die Oberflächen der einzelnen Körnungen nach der Beziehung

$$O_K = \sum_{i=1}^{i=k} \frac{6}{\varrho_K \cdot d_{ai}} \cdot \frac{\Delta R_i}{100} \text{ [m}^2\text{/kg]} \tag{12}$$

ermittelt werden.

Hierin ist O_K die idealisierte oder geometrische Oberfläche, die sich unter der Voraussetzung ergibt, daß die Teilchen Kugelgestalt besitzen, ϱ_K die Dichte des Stoffes, d_{ai} die mittlere Korngröße der i-ten Kornklasse und $\Delta R_i/100$ der entsprechende Massenanteil. Wird d_{ai} in [mm], ϱ_K in [g/cm³] und ΔR_i in % eingesetzt, dann erhält man O_K in [m²/kg].

Die oben gewählte Voraussetzung, nämlich Kugelgestalt der Teilchen, trifft natürlich nicht zu. Die wahre Oberfläche O erhält man vielmehr aus der Beziehung

$$O = f \cdot O_K, \tag{13}$$

d. h. durch Multiplikation der geometrischen Oberfläche O_K mit dem sogenannten Formfaktor f, der das Verhältnis zwischen tatsächlicher und der unter der Annahme kugeliger Gestalt der Körner ermittelten geometrischen Oberfläche darstellt.

Die Bestimmung des Formfaktors ist sehr schwierig. Hinzu kommt die Ungewißheit, ob der Formfaktor für eine bestimmte Stoffart von der Korngröße unabhängig ist. Batel [12] empfiehlt daher, die Bedeutung des Formfaktors nicht zu überbewerten, da nicht einmal der Begriff der wirklichen Oberfläche selbst eindeutig festzulegen ist. »Die geometrische Oberfläche O_K ist eine brauchbare Maßzahl, ohne jedoch die wirkliche Oberfläche anzugeben.«

Ein Vergleich der aus der Literatur bekannten Oberflächenenergiewerte mit dem auf der Grundlage der geometrischen Oberfläche ermittelten spezifischen Energieaufwand beim Sprengen ist jedoch nicht möglich. Aus diesem Grunde wurde die »wirkliche« Oberfläche der Körnungen unter Anwendung eines Oberflächenmeßgerätes, das nach dem Gasadsorptionsverfahren arbeitet, gemessen. Das Prinzip dieser Meßmethode besteht darin, »... die Gasmenge zu ermitteln, die notwendig ist, um die Oberfläche eines körnigen Stoffes mit einer monomolekularen Schicht zu bedecken« [12]. Als Standardverfahren, das »... die genauesten Ergebnisse liefert«, hat sich nach Gall u. a. [52] die Tieftemperatur-Stickstoff-Adsorptionsmethode nach Brunauer, Emmet und Teller [26] – die sogenannte BET-Methode – eingebürgert, nach der in einer Hochvakuumapparatur eine Adsorptionsisotherme gemessen wird, aus deren Steigung und Achsenabschnitt sich die Monoschichtkapazität errechnen und in Verbindung mit der Loschmidtschen Zahl und dem Flächenbedarf eines adsorbierten Stickstoffmoleküls die Oberfläche der untersuchten Substanz ermitteln läßt.

Für die Messung der Oberflächen der Körnungen aus den Sprengzerlegungsversuchen wurde das Areameter der Fa. Ströhlein & Co., Düsseldorf, benutzt, das von Haul und Dümbgen auf der Grundlage der BET-Standardmethode entwickelt wurde. Der wesentlichste Unterschied zur Original-BET-Methode besteht darin, daß die Adsorptionsisotherme durch einen einzigen Meßpunkt bestimmt wird und ihr Verlauf sich unter der Annahme ergibt, daß die BET-Gerade durch den Koordinatenursprung geht. Die adsorbierte Stickstoffmenge wird aus der Druckdifferenz zwischen dem sogenannten Adsorptionsgefäß mit der Probe und einem Vergleichsgefäß von gleichem Volumen bestimmt. Beide Gefäße werden mit Stickstoff von gleichem Druck gefüllt und anschließend auf die Temperatur des flüssigen Stickstoffes gebracht, wobei sich durch die Adsorption des Stickstoffes an der Probe ein Druckunterschied ausbildet [66, 67].

6.4 Die Versuchsergebnisse

Die Ergebnisse von nahezu 400 Versuchssprengungen zur Bestimmung der Gesamtenergie des verwendeten Sprengstoffes, des Energieaufwandes zur Zertrümmerung des Einschlusses und der Zerkleinerung sind in der Anlage 16 zusammengestellt.

Die Messung der Gesamtenergie des Sprengstoffes Pentaerythrittetranitrat mit 10% Wachs – NP 10 – ergab bei Verwendung von Ladungen mit 4 NP-10-Preßkörpern von je 18,2 g und einer Sprengkapsel mit 0,25 g PETN, d. h. rd. 73 g Sprengstoff, eine freiwerdende Energiemenge von 81 830 $\pm$ 2600 cal, der eine Gesamtenergie des Sprengstoffes NP 10 von

$$1120 \pm 36 \text{ cal/g}$$

entspricht.

Bei allen Versuchssprengungen mit eingeschlossenen Ladungen wurde jeweils die gleiche Lademenge, nämlich 73,05 g NP 10 von 100 mm Länge und 25 mm Durchmesser verwendet. Für die Ermittlung des Energieaufwandes wurde vorausgesetzt, daß die Umsetzung des Sprengstoffes als eingeschlossene Ladung ebenso abläuft wie als nicht eingeschlossene Ladung und die freiwerdende Energie in beiden Fällen gleich und mithin konstant ist. Dies schien nach den Ausführungen im Abschnitt 6.31 (S. 34) auch gerechtfertigt.

Die Ergebnisse der Energiemessungen bei Verwendung verschiedener Einschlußmaterialien in Form unterschiedlich dimensionierter Probekörper sind im einzelnen aus der Anlage 16 zu ersehen, wobei Spalte 4 die je nach der Stärke des verwendeten Einschlusses freiwerdende Energie enthält, während in Spalte 5 als jeweilige Differenz zur Energie der Einheitsladung der Energieaufwand bzw. die auf den Einschluß übertragene Energie aufgeführt ist. Für die weitere Beurteilung der Sprengbarkeit der einzelnen Gesteine und auch für den Vergleich untereinander werden im folgenden die Energiewerte zugrunde gelegt, die bei Probekörpern mit 100 mm Durchmesser erhalten wurden. Probekörper mit diesen Abmessungen standen für alle untersuchten Gesteine zur Verfügung. Auf Grund der vorhandenen technischen und wirtschaftlichen Möglichkeiten konnten Probekörper mit größeren Durchmessern nicht hergestellt werden, während andererseits Probekörper mit geringeren Durchmessern bei den Sprengzerlegungsversuchen so stark zerkleinert wurden, daß wegen des großen Feinheitsgrades der Körnungen bei ihrer Gewinnung und Aufbereitung größere Verluste entstanden, die sich naturgemäß auf die Genauigkeit der Werte auswirkten.

Im einzelnen wurden für die untersuchten Gesteinsarten bei Probekörpern von 100 mm Durchmesser, 37,5 mm Wandstärke und 137,5 mm Länge die in Tab. 1 zusammengestellten Werte der freiwerdenden Energie bzw. des Energieaufwandes ermittelt:

Tab. 1 Energiemeßwerte für Probekörper mit 37,5 mm Wandstärke

Gesteinsart	Freiwerdende Energie	Energieaufwand bzw. übertragene Energie	
	kcal	kcal	% der Gesamtenergie
Basalt	44,3	37,6	45,9
Kalkstein	46,2	35,6	43,5
Grauwacke	46,6	35,3	43,1
Granit 1	47,5	34,4	42,0
Granit 2	48,2	33,6	41,1
Sandstein	52,2	29,6	36,2
Tuff	53,2	28,6	35,0
Mergel	57,4	24,5	29,9

Aus dieser Aufstellung ist zu ersehen, daß bei der gegebenen Versuchsanordnung rd. 30–46% der freiwerdenden Energie auf das Gestein übertragen werden. Obwohl diese Werte nicht die maximale Energie darstellen, die bei der jeweiligen Kombination Sprengstoff–Gestein übertragen werden kann, kennzeichnen diese Werte doch das unterschiedliche Sprengverhalten der Gesteine, da alle übrigen Einflußgrößen konstant gehalten wurden. Im Rahmen der Sprengzerlegungsversuche wurden für die gleichen Gesteinsproben – Wandstärke 37,5 mm – die in der Anlage 17 aufgeführten Körnungsanalysen als Durchgangssummenverteilungen erhalten, deren Darstellung im einfach logarithmischen Körnungsnetz die Abb. 15 wiedergibt.
Obwohl die erhaltenen Körnungen relativ hohe Endfeinheiten erreichten, folgen die Häufigkeitsverteilungen nicht der Rosin-Rammler-Sperling-Funktion, und die Darstellung im doppelt logarithmischen Körnungsnetz nach DIN 4190 [37, 117, 118] ergibt keine Gerade. Die Körnungskennwerte und die geometrischen Oberflächen wurden daher rechnerisch ermittelt und mit den tatsächlichen Oberflächen, die gemessen wurden, verglichen.

Im einzelnen wurden die in der Tab. 2 aufgeführten Ergebnisse erhalten.

Tab. 2 Oberflächenzunahme beim Sprengen von Proben mit 37,5 mm Wandstärke

Gesteinsart	Geometrische Oberfläche cm^2/g	Wirkliche Oberfläche m^2/g	Gewicht der Proben g	Oberflächenzunahme m^2
Basalt	340	0,74	3 070	2 300
Kalkstein	850	1,06	2 760	2 900
Grauwacke	970	1,34	2 750	3 700
Granit 1	820	1,58	2 850	4 500
Granit 2	670	1,84	2 815	5 200
Sandstein	1 820	4,22	2 180	9 200
Tuff	4 400	22,77	1 390	31 700
Mergel	2 020	5,80	1 280	7 400

Das Verhältnis zwischen wirklicher (gemessener) und geometrischer (errechneter) Oberfläche stellt entsprechend der Beziehung (13) den Formfaktor dar. Es zeigt sich jedoch, daß dieses Verhältnis mit Werten zwischen 12 und 29 durchweg so hoch liegt, daß es sich bei den gefundenen Multiplikationsfaktoren eigentlich nicht um die echten Formfaktoren handeln kann. Auf die Ursachen hierfür wird im Zusammenhang mit der Fehlerabschätzung noch eingegangen.
Durch Bezugnahme des Energieaufwandes auf die beim Sprengen entstandene neue Oberfläche – die Oberfläche der Probe ist so gering, daß sie vernachlässigt werden kann – erhält man nunmehr als das eigentliche Ergebnis dieser Untersuchung den spezifischen Energieaufwand in [cal/m²] oder [erg/cm²]. Für die untersuchten Gesteine wurden bei Verwendung von Probekörpern mit 100 mm Durchmesser und unter Zugrundelegung der wirklichen Oberflächen als spezifischer Energieaufwand die in der Tab. 3 zusammengestellten Werte ermittelt.
Im Zusammenhang mit den Energiemessungen konnten einige Zeitdaten ermittelt werden, die gewisse Anhaltspunkte über Geschwindigkeiten bieten, mit der sich die Vorgänge beim Sprengen der Proben abspielen.
Ein Beispiel für die Aufnahme der Ansprechdauer des Zünders (oberer Lichtstrahl), der Bruchdauer der Probe (mittlerer Lichtstrahl) und der Flugdauer der schnellsten Bruchstücke bis zum 90 cm entfernten Meßpunkt (unterer Lichtstrahl) zeigt Abb. 16. Die

Tab. 3 Spezifischer Energieaufwand beim Sprengen von Proben mit 37,5 mm Wandstärke

Gesteinsart	Spezifischer Energieaufwand cal/m²	erg/cm²
Basalt	16,6	69 500
Kalkstein	12,2	51 100
Grauwacke	9,6	40 200
Granit 1	7,6	31 800
Granit 2	6,5	27 200
Sandstein	3,2	13 400
Tuff	0,9	3 800
Mergel	3,3	13 800

entsprechenden Signale erscheinen auf der Abbildung als Strahlensprünge der Lichtstrahlen, wobei die Zeitbasis der oberen beiden Strahlen 0,2 ms/cm (1 Kästchenbreite ≙ 1 cm) und die Zeitbasis des unteren Strahles 2 ms/cm beträgt.
Auf entsprechende Weise wurden Reaktionsdauer des Zünders und die Ausbreitungsgeschwindigkeit der Druckwelle gemessen. Im einzelnen wurden folgende Ergebnisse erhalten:

1. Ansprechdauer des Zünders 0,4 — 0,6 ms
2. Reaktionsdauer von Zünder und Ladung ~ 0,4 ms
3. Bruchdauer der Proben $< 50\ \mu s$
4. Geschwindigkeit der schnellsten Bruchstücke über eine Entfernung von durchschnittlich 1 m

Wandstärke der Proben	Splittergeschwindigkeit
92 mm	130 m/s
63 mm	210 m/s
45 mm	450 m/s
37,5 mm	600 m/s
25 mm	850 m/s

5. Die Geschwindigkeit der Druckwelle entsprach bei zentrischer Aufhängung der Probe im Sprengkessel der Splittergeschwindigkeit.

6.5 Fehlerabschätzung

Die Genauigkeit der Werte für den spezifischen Energieverbrauch ist unter Berücksichtigung folgender Überlegungen zu beurteilen.
Die Reproduzierbarkeit der Energiemeßwerte ist unter der Voraussetzung gleicher Versuchsbedingungen recht gut. So erhielt man bei den Energiemessungen eine Standardabweichung der Meßwerte von 3,2% und einen Variationskoeffizienten von 3,14%. Das Problem bei den Energiemessungen bestand jedoch darin, bei allen Messungen die gleichen Versuchsbedingungen einzuhalten und zu garantieren. Diese Schwierigkeit bezieht sich hauptsächlich auf die Temperatur, die Feuchtigkeit, den O_2-Gehalt der Gasfüllung des Kessels sowie deren Druck vor der Sprengung. Insbesondere die Einhaltung eines gleichen Ausgangsdruckes vor jeder Messung war relativ schwierig, da sich bei dem freiliegenden und nicht isolierten Kessel bereits atmosphärische Druck- und Wärmeschwankungen wegen der Empfindlichkeit der Meßanlage auswirkten. Die

Erfahrung hat jedoch gelehrt, daß Fehler auf Grund unterschiedlicher Versuchsbedingungen im Vergleich zu den bei der Auswertung der Druck-Zeit-Kurve bzw. der rechnerischen Extrapolation dieser Kurve entstehenden Fehlern nur untergeordnete Bedeutung haben.
Für die Genauigkeit der Extrapolation ist maßgebend, wie schnell nach der Detonation die Druckschwankungen abklingen und nach welcher Zeit frühestens der Druck eindeutig bestimmt bzw. abgelesen werden kann. Im Verlauf der Untersuchungen zeigte sich, daß die Druckschwankungen in dem Maße abnahmen, wie sich durch wiederholte Sprengungen eingeschlossener Ladungen eine zunehmende Staubschicht auf den Wandungen des Sprengkessels niederschlug. Auf diese Art wurde ermöglicht, die Zeit bis zur ersten Druckablesung von 4 auf 0,5 Sekunden nach der Detonation der Ladung zu verkürzen. Die Unsicherheit durch die Extrapolation nach dem beschriebenen Druckabklinggesetz wurde dadurch geringer, doch zeigte sich andererseits, daß in den ersten Sekunden nach dem Schuß ein relativ starker Druckabfall stattfindet, der sich mit zunehmendem Staubanteil im Kessel noch erhöhte. Trotzdem konnten durch Einbeziehung des Zeitbereiches zwischen der ersten und vierten Sekunde nach der Sprengung in die Auswertung 1120 cal/g als Gesamtenergie des Sprengstoffes nachgewiesen werden, während ohne Berücksichtigung dieses Zeitintervalls eine Gesamtenergie von rd. 1000 cal/g gemessen wurde. Dies deutet darauf hin, daß durch die Wärmeaufnahme der Einbauten, der Gasfüllung und des Staubes in den ersten Sekunden der Druck stärker abfällt als in der darauffolgenden Phase des Wärmeüberganges der Gasfüllung an die Kesselwandung. Aus diesem Grunde steht zu erwarten, daß bei apparativen und meßtechnischen Verbesserungen der benutzten Versuchsanlage mit dem Ziel, den Druck bereits unmittelbar nach dem Detonationszeitpunkt zu bestimmen, eine weitere Erhöhung der Energiewerte und Annäherung an den theoretischen Wert der Gesamtenergie festzustellen sein wird.
Auf die Werte des Energieaufwandes wirken sich die Auswertefehler bei der Extrapolation der Druck-Zeit-Kurve – wenn überhaupt – nur in geringem Maße aus, da der Energieaufwand als Differenz der Energie bei eingeschlossenen und nicht eingeschlossenen Ladungen bestimmt wird und sich dadurch mögliche Extrapolationsfehler weitgehend aufheben. Eine Abschätzung der Fehler bei den Energiemessungen führt daher zu dem Schluß, daß die Meßwerte für die Gesamtenergie des Sprengstoffes niedriger liegen als die tatsächlichen, während die für den Energieaufwand ermittelten Werte die wirklichen Verhältnisse in den Grenzen der Meßfehler wiedergeben dürften.
Die Fehler der Werte des spezifischen Energieaufwandes werden daher weitgehend von der Genauigkeit der Oberflächenbestimmung des zerkleinerten Gutes abhängen, die unter verschiedenen Aspekten zu beurteilen ist. Bei den Sprengzerlegungsversuchen konnten 94,0 bis 99,2 Gew.-% der eingesetzten Gesteinsproben wiedergewonnen werden. Die Tatsache, daß mit zunehmendem mittleren Korndurchmesser der zerkleinerten Gesteinsprobe der Anteil des verlorengegangenen Gutes abnahm, deutet darauf hin, daß die Verluste insbesondere zu Lasten der Fein- und Feinstanteile gehen, und die Körnungsanalyse im Schlämmbereich etwas zu niedrige Werte angibt. Die Erklärung hierfür scheint recht einleuchtend. Obwohl bei jeder Sprengzerlegung das Wasser aus dem Kessel frühestens nach 24 Stunden – und zwar mit mäßiger Strömungsgeschwindigkeit – abgelassen wurde, scheint es nicht ausgeschlossen, daß das abfließende Wasser Feinteile mit wegschwemmte. Außerdem entstanden mit Sicherheit bei der mehrfachen Reinigung des zurückgewonnenen Gutes von Teilen des Zünders, der Zünderdrähte, der Aufhängung und des Luftballons sowie der Aufbereitung und Trocknung für Sieb- und Schlämmanalyse größere Verluste. Hinzu kommt, daß die Körnungen vielfach geteilt werden mußten, um auf die für die Oberflächenmessung

notwendige Einwaagemenge von 1 bis 30 g zu kommen. Bei diesen Probenteilungen erleiden insbesondere die feinen Kornfraktionen weitere Verluste in Form von Staubhaftung und Staubverlusten. Da jedoch gerade die Feinteile überproportional in die Oberfläche eingehen, muß angenommen werden, daß die hier wiedergegebene Oberflächenzunahme durch Sprengen zu niedrig liegt, und zwar bei den Gesteinen Basalt, Kalkstein, Grauwacke und Granit um weniger als 5% und den Gesteinen Sandstein, Tuff und Mergel um weniger als 10%. Diese Angaben beruhen auf der – nicht ganz exakten – Annahme, daß die Verluste sich gleichmäßig auf die Kornfraktionen $\leqq$0,063 mm Durchmesser verteilen.

Aus dem Vergleich der geometrischen und gemessenen Oberflächenwerte ergeben sich Verhältniszahlen zwischen 12 und 29. Die üblicherweise in der Literatur genannten Formfaktoren liegen jedoch sehr viel niedriger und durchweg unter 10 [12, 144 u.a.]. Es gibt Anzeichen dafür, daß die großen Unterschiede durch fehlerhafte Kornanalysen zustande kommen. Die Schlämmanalyse nach der Aräometermethode genügt wissenschaftlichen Anforderungen sicherlich nicht, denn ihre Genauigkeit ist nach Rumpf [134] und Batel [12] wegen der Unsicherheit beim Bestimmen der Fallhöhe und wegen der Strömungen durch das Eintauchen der Spindel vergleichsweise gering. Der Zweck der durchgeführten Kornanalysen bestand denn auch hauptsächlich darin, die Grundlage für die Bestimmung einiger Körnungskennwerte zu schaffen und somit Vergleichswerte zu ermitteln, die in gewissem Umfange die Beurteilung eines Sprengergebnisses zulassen. Die auf den Kornanalysen beruhenden geometrischen Oberflächenwerte der Körnungen eignen sich daher nicht zur Bestimmung der »echten« Formfaktoren. Andererseits kann nicht ausgeschlossen werden, daß das zerkleinerte Gut während der Sprengeinwirkung eine vergleichsweise hohe »innere« Oberfläche in Form von Anrissen, Kerbstellen und dergleichen erhalten hat, die die großen Unterschiede zwischen wirklicher und geometrischer Oberfläche erklären könnten.

Hinsichtlich der Werte der wirklichen Oberflächen aus Messungen nach der BET-Methode ist festzustellen, daß deren absolute Genauigkeit nach Gall [52] bei etwa $\pm$ 10% liegt und die Beschränkung auf einen Meßpunkt der Adsorptionsisotherme, wie dies bei der Areametermethode der Fall ist, einen Fehler verursacht, der »... im allgemeinen unter 10%, also innerhalb der prinzipiellen Unsicherheit von BET-Messungen« liegt [52]. Der Vergleich der Areametermeßwerte mit Meßwerten der Original-BET-Methode, der stichprobenmäßig durchgeführt werden konnte, bestätigte diese Angaben, denn die Meßwerte der beiden Methoden unterscheiden sich in allen Fällen um weniger als 10%. Die Meßfehler bei Areametermessungen liegen bei $\pm$ 2,4%.

Die Zusammenfassung dieser Überlegungen führt zu dem Schluß, daß die Genauigkeit des spezifischen Energieaufwandes beim Sprengen von Gestein in großem Maße von der Genauigkeit der Oberflächenmessungen abhängt, die auf Grund der genannten Fehlermöglichkeiten gewisse nicht quantifizierbare Unsicherheiten in sich bergen. Geht man davon aus, daß Fehler bei der Gewinnung, Aufbereitung und Teilung der Körnungen für die Oberflächenmessungen hauptsächlich Verluste zu Lasten der feinsten Kornfraktionen bewirken, dann ergibt sich daraus die Schlußfolgerung, daß die gemessenen Oberflächenwerte gegenüber der tatsächlichen Oberflächenzunahme eher zu niedrig als zu hoch liegen. Das würde bedeuten, daß sich die angegebenen Werte für den spezifischen Energieaufwand bei – praktisch kaum möglicher – Ausräumung aller Fehlermöglichkeiten um einen der Ungenauigkeit der Oberflächenwerte entsprechenden Betrag erniedrigen würden.

7. Interpretation und Deutung der Versuchsergebnisse

7.1 Die Messung der Gesamtenergie

Im Zusammenhang mit der Erörterung der Wirkungsweise und Eigenschaften des verwendeten Sprengstoffes wurde erwähnt, daß die Gesamtenergie von PETN nach den Angaben in der Literatur in einem Bereich zwischen 1307 und 1535 kcal/kg liegt. Die Unterschiede sind durch die unterschiedlichen Meßbedingungen oder durch die für die Berechnung getroffenen unterschiedlichen Annahmen bedingt. Für die Beurteilung der in dieser Arbeit gemessenen Gesamtenergie von Nitropenta und somit des Wirkungsgrades des Meßverfahrens wird der von ORNELLAS, CARPENTER und GUNN [109] gefundene Wert zum Vergleich herangezogen. Die genannten Autoren haben die Detonationswärme von PETN in einer kalorimetrischen Bombe von 5,28 l Inhalt mit 1490 $\pm$ 6 cal/g bestimmt, wobei die Detonationswärme einschließlich der Kondensationswärme des gebildeten Wassers gemessen wird, d. h. das bei der Umsetzung gebildete Wasser fällt im flüssigen Zustande an. Bei der Messung des Druckanstieges ist aber mit Wasserdampf zu rechnen. Da 1 kg PETN rd. 10 Mol H_2O bildet und die Verdampfungswärme von Wasser, bezogen auf konstantes Volumen, rd. 10 kcal/Mol beträgt, wären je kg PETN rd. 100 kcal bzw. je Gramm rd. 100 cal als Verdampfungswärme des Wassers abzuziehen, so daß unter Zugrundelegung der Messungen von ORNELLAS u. a. [109] die Detonationswärme von PETN bzw. dessen Gesamtenergie 1390 cal/g (H_2O gasförmig) beträgt.
Berücksichtigt man weiter, daß der verwendete Sprengstoff NP 10 90% PETN und 10% Paraffin enthält, dann sind theoretisch ohne Berücksichtigung der Paraffin-Verdampfung $1390 \cdot 0{,}9 = 1251$ cal/g zu erwarten. Dagegen ermittelt SCHMIDT [177] theoretisch eine Gesamtenergie für NP 10 in Höhe von 1180 cal/g. Gemessen wurden 1120 cal/g, d. h. der Energieverlust beträgt 5–10%, was einem Wirkungsgrad des Meßverfahrens von 90 bis 95% entspricht.
Die Differenz zwischen der gemessenen und der theoretisch möglichen Detonationswärme kann verschiedene Ursachen haben. Im Zusammenhang mit der Erläuterung der Auswertung und Extrapolation der Druck–Zeit-Kurven sowie bei der Fehlerabschätzung wurde bereits darauf hingewiesen, daß während des infolge der auftretenden Druckschwankungen nicht meßbaren Zeitbereiches direkt im Anschluß an die Detonation der Ladung ein Wärmeverlust stattfindet, der durch das angenommene Abklinggesetz nur näherungsweise ermittelt werden kann. Tatsächlich konnte FILLER [44] bei seinen auf dem gleichen Prinzip basierenden Messungen unter Verwendung von Piezoaufnehmern den Bereich von 0 bis 500 Millisekunden erfassen, und die Detonationswärme des verwendeten PETN mit 1180 cal/g bestimmen. Außerdem fand er, daß die bei Stickstofffüllung des Kessels freiwerdenden Wärmemengen verschiedener Sprengstoffe mit ihrer Detonationswärme gut übereinstimmen mit Ausnahme von PETN, ohne daß FILLER diese Erscheinung erklären konnte. Dies deutet jedoch darauf hin, daß die Differenz zwischen der gemessenen und der theoretisch möglichen Detonationswärme nicht nur meß- oder versuchstechnisch bedingt ist, sondern unter Umständen auch von der Art des verwendeten Sprengstoffes bzw. dessen Umsetzung herrührt. Die Tatsache, daß FILLER [44] für PETN mit 2% Wachs eine Detonationswärme von 1180 cal/g ermittelte, während bei dieser Untersuchung für PETN mit 10% Wachs 1120 cal/g festgestellt wurden, könnte den Hinweis zu einer Erklärung geben, die einen Teil des Wärmeverlustes dem vorhandenen Wachsanteil zuschreibt.
Im Vergleich mit anderen technologischen und physikalischen Meßverfahren der Spreng-

technik ist das hier benutzte Verfahren unter Berücksichtigung folgender Überlegungen zu bewerten. Die konventionellen Verfahren zur Prüfung der Ausbauchung (Sprengkraft) nach der Bleiblockmethode und der Stauchung (Brisanz) nach den Stauchmethoden von Hess und Kast liefern relative Vergleichswerte, deren Aussagekraft umstritten ist, und die mit den theoretischen Daten und Eigenschaften der Sprengstoffe nicht in Einklang zu bringen sind. Der Nachteil der physikalischen Meßverfahren zur Bestimmung der Gesamtenergie wie der ballistische Mörser und die ballistischen Pendel nach SCHMIDT und ROTH besteht darin, daß sie die Gesamtenergie nur mit einem Wirkungsgrad von ungefähr 50% erfassen, so daß ROTH [130] zu dem Schluß kommt, daß bei dem gegenwärtigen Stand der sprengphysikalischen Meßtechnik »... vorerst bereits Meßwerte von Bedeutung sind, welche die zu messende Größe vielleicht nur zu 70%, aber kontrollierbar zu erfassen erlauben«, da solche Werte schon brauchbare Grundlagen für die Berechnungen der Sprengpraxis darstellen würden. In diesem Sinne sind die Meßergebnisse des in dieser Arbeit angewendeten Energiemeßverfahrens sicherlich vollauf zufriedenstellend. Der Wert des Verfahrens wird zudem noch durch die Tatsache unterstrichen, daß es die bisher einzige bekannte Meßmethode darstellt, die es erlaubt, auch die Energie zu messen, die bei eingeschlossenen Ladungen durch Zertrümmerung und Erwärmung des Einschlusses verbraucht wird.

7.2 Die Energieübertragung

Eine grundlegende Aufgabe dieser Untersuchung bestand darin, festzustellen, in welchem Umfange Sprengenergie beim Sprengvorgang genutzt werden kann und welchen Einfluß die Gesteinseigenschaften auf die Höhe der übertragenen Energie ausüben. Wie aus der Abb. 17, in der die gesamten Energiemeßwerte in Abhängigkeit von Wandstärke und Durchmesser der Probe für jedes untersuchte Gestein aufgezeichnet sind, hervorgeht, verändert sich der Energieverbrauch sehr stark mit der Probengröße und der Art des Einschlußmaterials. Schon geringe Einschlußstärken bewirken eine erhebliche Zunahme des Energieaufwandes, die jedoch mit zunehmender Probengröße geringer wird, während die Kurven des Energieverbrauches sich offensichtlich asymptotisch Maximalwerten nähern, die unter den gegebenen Versuchsbedingungen nicht überschritten werden.

Die Untersuchung des Energieverbrauches der Gesteine in Abhängigkeit von der Einschlußstärke führte zu dem Ergebnis, daß dieser einem Wachstumsgesetz folgt, das in der Formulierung

$$\frac{1}{E_{\max} - E_n} = k V_n + C \qquad \text{oder} \qquad (14a)$$

$$\frac{dE_n}{dV} = k(E_{\max} - E_n)^2 \qquad (14b)$$

mit guter Näherung für alle untersuchten Gesteine eine Gerade ergibt.

In diesen Beziehungen sind $E_{\max}$, k und C Konstanten, die von den Versuchsbedingungen, dem verwendeten Sprengstoff und den untersuchten Gesteinen abhängen. Während k und C für alle Gesteine den gleichen Wert annehmen, ist $E_{\max}$ von der jeweiligen Einschlußart abhängig und ist somit ein Kennzeichen für das unterschiedliche Sprengverhalten der Gesteine. Sie ist die maximale Energie in kcal, die unter den gegebenen Versuchsbedingungen von einer bestimmten Gesteinsart in ausreichender Probenstärke ($V_n \to \infty$) theoretisch beim Sprengen aufgezehrt werden kann. Sie läßt

sich – wie auch die anderen Konstanten – mit Hilfe der angenommenen Wachstumsfunktion errechnen, indem verschiedene zusammengehörende Wertepaare des Energieverbrauches E_n und der Wandstärke V_n in die Gl. (14a) eingesetzt und die Konstanten nacheinander substituiert werden. Die Abb. 18 enthält die für die untersuchten Gesteine errechneten E_{max}-Werte und die grafische Darstellung der mit den entsprechenden Werten von E_{max}, E_n und V_n gebildeten Wachstumsfunktion.
Wie die Abb. 18 zeigt, folgen die Meßwerte tatsächlich mit guter Näherung der angenommenen Wachstumsfunktion, wenn auch auffällt, daß die Abweichungen mit zunehmender Wandstärke größer werden. Eine weitere Schlußfolgerung ergibt sich aus Gl. (14b): Der durch Vergrößerung der Wandstärke um dV verursachte zusätzliche Energiebedarf dE ist dem Quadrat der noch verwertbaren Energie – $(E_{max} - E)^2$ – proportional.
Aus den Messungen und den darauf beruhenden Berechnungen der maximalen Energie, die unter den gegebenen Versuchsbedingungen auf das Gestein übertragen werden kann, folgt, daß Basalt als Einschlußmaterial den höchsten Anteil der beim Sprengen umgesetzten Energie verzehrt. Dies ist verständlich, wenn man bedenkt, daß Basalt mit einer Druckfestigkeit > 4500 kp/cm² von allen untersuchten Gesteinen die weitaus höchste Festigkeit aufweist. Da es in der Natur kaum Gesteine gibt, deren Festigkeit die des (Säulen-)Basaltes überschreitet, kann man annehmen, daß ein Übertragungsfaktor von etwa 0,6 die absolute Grenze für die Nutzung von Sprengenergie beim Sprengen von Gesteinen darstellt. Diese Vermutung scheint folgendes Versuchsergebnis zu bestätigen. Beim Sprengen von Gesteinsproben aus Granit 2 mit 93 mm Wandstärke und 286 mm Länge, deren Ladebohrloch von 193 mm Länge mit einer Ladung von 100 mm und Wasserbesatzpaste von 93 mm besetzt wurde, vergrößerte sich der Energieverbrauch gegenüber der üblichen Versuchsanordnung ohne Besatz nur um Bruchteile, die jedoch noch innerhalb der Fehlergrenzen der Energiemessungen lagen. Dies deutet darauf hin, daß der Einfluß der Versuchsbedingungen auf den Anteil der übertragbaren Energie mit zunehmender Wandstärke geringer wird und sich die Kurven des Energieaufwandes in Abhängigkeit von der Wandstärke einer Asymptote nähern, deren Lage von den Versuchsbedingungen weitgehend unabhängig ist.
Zusammenfassend läßt sich hinsichtlich der Ausnutzung von Sprengenergie beim Sprengen von Gestein feststellen, daß maximal zwischen 50 und 60% der Gesamtenergie eines Sprengstoffes auf den Einschluß übertragen werden können. Im Vergleich mit den Ergebnissen und Überlegungen anderer Forschungen fällt auf, daß dieser Satz die bisherigen Vorstellungen von der Höhe der Übertragungsfaktoren erheblich übertrifft. Nach Untersuchungen von Fogelson, Duvall und Atchison [47 u. a.], die mit sechs verschiedenen Sprengstoffen in einem Granit (Lithonia) Sprengversuche durchführten, schwankt die von der Stoßwelle auf das Gestein übertragene Energie zwischen 10 und 18%. Aus Versuchen, die Nicholls und Duvall [103] in einem Salzbergwerk durchführten, wurde errechnet, daß je nach dem eingesetzten Sprengstoff zwischen 4 und 8% der Gesamtenergie durch die Stoßwelle auf das Gestein übertragen werden. Addiert man zu der potentiellen Spannungsenergie die kinetische Energie der Wurfbewegung der Teilchen hinzu, die von den Autoren auf 3 bis 8% geschätzt wird, dann ergeben sich als Maximalwert der übertragenen Energie 26% der Gesamtenergie. In der gleichen Größenordnung liegen die Werte von Melnikov [96], der berechnet hat, daß bei Kratersprengungen etwa 15–25% der Sprengenergie ausgenutzt werden.
Für die Deutung der Unterschiede zwischen den eigenen und fremden Werten bieten sich verschiedene Erklärungen an. Die Werte von Nicholls u. a. sowie Fogelson u. a. wurden erhalten durch Extrapolation von Werten, die im elastischen Bereich ge-

messen wurden. Bekanntlich wird jedoch gerade bei der Zermalmung und Pulverisierung des Einschlusses in der Zertrümmerungszone ein erheblicher Anteil der freiwerdenden Energie aufgezehrt, der bei einer Extrapolation von Daten aus dem elastischen Bereich sicherlich nur schwer zu erfassen sein wird, worauf die Autoren selbst schon hinweisen. Andererseits resultieren diese Ergebnisse aus Untersuchungen mit wenigen gewerblichen Sprengstoffen in nur zwei Gesteinsarten. Hinzu kommt, daß die Bedingungen bei diesen In-situ-Untersuchungen sicherlich nicht so idealisiert werden konnten wie bei den hier durchgeführten Laborversuchen. Der wichtigste Aspekt scheint jedoch folgender zu sein: Die Werte dieser Untersuchung enthalten nicht nur den Aufwand an potentieller oder Spannungsenergie zur Zerkleinerung des Einschlusses und den Anteil an kinetischer Energie für das Wegschleudern der Bruchstücke; sie implizieren vielmehr auch jenen Anteil der Sprengenergie, der für die Erwärmung des Einschlusses aufgezehrt und der von maßgeblichen Autoren als nicht unbedeutend eingeschätzt wird [111].
Aus den in Abb. 17 aufgetragenen Meßwerten geht hervor, daß – gleichgroße Probekörper vorausgesetzt – die Höhe der aufgewendeten Energie von der Art des Einschlusses abhängt. Nach Untersuchungen des U.S. Bureau of Mines [103] bestimmen die akustischen Impedanzen von Sprengstoff und Gestein die Größe des Druckstoßes im Medium und den Anteil der übertragenen Energie. Trägt man die Energiewerte $E_{37,5}$, die bei Verwendung von Probekörpern mit 37,5 mm Wandstärke gemessen wurden, und die errechneten Maximalwerte $E_{\max}$ in Abhängigkeit von dem jeweiligen Impedanzverhältnis (siehe Anlage 15b) auf, dann erkennt man aus Abb. 19a, daß der auf den Einschluß übertragene Energieanteil mit abnehmendem Impedanzverhältnis ansteigt. Bei der Beurteilung des Zusammenhanges in Abb. 19a ist allerdings zu berücksichtigen, daß der Schallwellenwiderstand (Schallimpedanz) nur den unteren Grenzwert des Stoßwellenwiderstandes (Stoßimpedanz) darstellt und die dem Impedanzverhältnis zugrunde gelegte Schallimpedanz des Gesteins daher nur in grober Näherung als Kriterium für den an der Grenzfläche Sprengstoff–Gestein herrschenden Stoßwellenwiderstand angesehen werden kann.
Trägt man dagegen die übertragene Energie in Abhängigkeit vom Elastizitätsmodul der Gesteine auf, dann ergibt sich entsprechend Abb. 19b ein nahezu linearer Zusammenhang. Eine Erklärung hierfür gibt möglicherweise folgender Dimensionsvergleich: Im Elastizitätsmodul mit der Dimension $[\mathrm{kp/cm^2}] = 10^5\ [\mathrm{kg/m^3}]\ [\mathrm{m/s}]^2$ ist die Wellengeschwindigkeit im Quadrat enthalten, während sie in die Impedanz mit der Dimension $[\mathrm{kg/m^3}]\ [\mathrm{m/s}]$ nur einfach eingeht. Dagegen enthält die Energie in der Dimension $[\mathrm{Joule}] = [\mathrm{kg}]\,[\mathrm{m/s}]^2$ die Geschwindigkeit gleichfalls quadratisch, was auf eine lineare Proportionalität mit dem E-Modul hindeuten könnte. Auf jeden Fall ist aus beiden Zusammenhängen zu erkennen, daß der Anteil übertragener Energie mit zunehmender Festigkeit des Einschlußmediums anwächst.

7.3 Der spezifische Energieaufwand

Die Untersuchung der bei den Sprengzerlegungsversuchen mit Probekörpern von 37,5 mm Wandstärke erhaltenen Körnungen zeigt für die einzelnen Gesteinsarten recht unterschiedliche Zerkleinerungsgrade. Legt man die spezifische Oberfläche als Kennzeichen für den Zerkleinerungsgrad und den Sprengerfolg zugrunde, dann ergibt sich die überraschende Erkenntnis, daß diese – mit Ausnahme des Tuffs – in der gleichen Reihenfolge zunimmt, wie die übertragene Energie abnimmt. Das bedeutet, daß immer weniger übertragene Energie immer mehr Oberfläche erzeugt und daß die spezifische Oberfläche der einzelnen Gesteinsarten mit abnehmender Festigkeit – wenn auch nicht linear so doch – zunimmt. Das gleiche gilt für die absolute Oberflächenzunahme, die das unterschiedliche spezifische Gewicht der einzelnen Gesteinsarten impliziert. Dieser Befund zwingt zu der Schlußfolgerung, daß die Oberflächenzunahme von dem Anteil der übertragenen Energie – wenn überhaupt – nur wenig abhängt, und die Größe der entstehenden Oberfläche weitgehend eine Folge des natürlichen Bruchverhaltens der Gesteine unter explosiver Einwirkung darstellt.

Neben der Festigkeitsabnahme als Erklärung für das Zunehmen der spezifischen Oberflächen der untersuchten Gesteine geben auch die mineralogisch-petrografischen Eigenschaften einige Anhaltspunkte für die Beurteilung der Oberflächenzunahme. Insbesondere die außerordentliche Feinheit der Matrixkomponenten des Tuffs kann als wahrscheinliche Ursache für die extrem große spezifische Oberfläche nach dem Sprengen angesehen werden, während das Bruchverhalten von Mergel wesentlich durch den fehlenden Kornzement und die gute Spaltbarkeit des Kalzits bestimmt werden dürfte, denn bei diesem Gestein weisen mehr als 70 Gew.-% der erhaltenen Körnung kleinere Durchmesser als der Hauptbestandteil Kalzit auf (siehe Anlage 15a). Der untersuchte Sandstein zeichnet sich durch einen festigkeitsmindernden Anteil zersetzter Feldspäte aus. Außerdem ist nicht auszuschließen, daß die Gesteine mit hohen spezifischen Oberflächen vor der Sprengung schon über »gewisse« innere Oberflächen verfügen. Die Unterschiede in den spezifischen Oberflächen der »festen« Gesteine – Kalkstein, Grauwacke und Granit – sind weniger ausgeprägt und im wesentlichen sicher bedingt durch deren unterschiedliche Festigkeit und Korngrößen.

Für die Beurteilung des spezifischen Energieaufwandes beim Sprengen ist es zweckmäßig, sich auf die Vorgänge beim Bruch fester Körper zu beziehen. Nach der physikalischen Bruchtheorie erfolgt der Bruch eines natürlichen Mediums, wenn nach der Akkumulation elastischer Deformationsenergie weitere Energie zugeführt wird, die zur Zerstörung des Mediums bzw. zur Bildung neuer Oberflächen führt. Dabei treten verschiedene energieabsorbierende Mechanismen auf, und zwar Wärmeverlust durch irreversible Prozesse in der Stoßfront, Energieaufzehrung bei plastischer Verformung und Energieaufwand zur Schaffung neuer Oberflächen beim Bruch des Mediums. Hinzu kommt bei Bruchprozessen unter Sprengeinwirkung die Energie, die zum Wegschleudern der Bruchstücke aufgezehrt wird, und jene Energie, die bei der Einwirkung der heißen Reaktionsprodukte auf den Einschluß in Form von Wärme direkt auf das Gestein übergeht und dieses erwärmt. Zu bemerken ist noch, daß der Hauptteil des Energieaufwandes für die elastische Deformation, für Reibung und für andere Nebenerscheinungen verbraucht wird und irreversibel in Wärme übergeht [79].

Eine wichtige Art der Energieabsorption durch den Einschluß ist die Energiespeicherung auf den Bruchoberflächen bzw. die spezifische Oberflächenenergie. Diese Energie hängt ab von dem Gesamtbetrag der beim Sprengen neu geschaffenen Oberfläche und von der Energie, die zur Bildung einer Oberflächeneinheit benötigt wird. Bezeichnet man die spezifische Oberfläche mit O in [cm²/g], die spezifische Oberflächenenergie entsprechend Griffith mit γ in [erg/cm²] und den Bruchteil der auf das Gestein übertragenen Energie, der als effektive spezifische Oberflächenenergie wirksam wird, mit η_k, dann ist

$$e_m = \frac{O \cdot \gamma}{\eta_k} = O \cdot e_0 \quad \text{oder} \quad e_0 = \frac{\gamma}{\eta_k} = \frac{e_m}{O} \qquad (15)$$

Hierbei ist e_m die auf der Oberfläche eines Grammes Material und e_0 die auf einem Quadratzentimeter Oberfläche gespeicherte (Brutto-)Energie, d. h. einschließlich der Verlustenergie. e_m und e_0 stellen den Energieaufwand dar, der als Zerstörungsenergie je Massen- und Oberflächeneinheit in [erg/g] bzw. [erg/cm²] benötigt wird.

Nimmt man weiter an, daß eine bestimmte Sprengenergiemenge E_{ges} den Einschluß mit der Masse G zertrümmert, dann ergibt sich die Beziehung [122]

$$G = \frac{E_{ges}}{e_m} \cdot \eta_{ü} \tag{16}$$

wobei der Faktor $\eta_{ü}$ den Wirkungsgrad der Umwandlung von Sprengenergie in sprengtechnisch nutzbare Energie darstellt und durch das Verhältnis $E_n : E_{ges}$ bzw. im theoretischen Idealfall entsprechend den Ausführungen im vorhergehenden Abschnitt durch $E_{max} : E_{ges}$ gegeben ist. Die Werte von $\eta_{ü}$ sind – wie gezeigt wurde – abhängig von der Einschlußstärke und erreichen theoretisch ihr Maximum bei $V_n = \infty$. Die Tab. 1 (S. 40) enthält die bei Verwendung von Probekörpern mit 37,5 mm Wandstärke für die untersuchten Gesteinsarten gemessenen Wirkungsgrade $\eta_{ü}$ in %, während in Abb. 18 die auf der Grundlage des angenommenen Energiewachstumsgesetzes errechneten Maximalwerte von $\eta_{ü}$ – ebenfalls in % – aufgeführt sind.
Wie aus vielen Zusammenhängen bekannt ist und auch durch diese Untersuchung bestätigt wurde, hängt $\eta_{ü}$ stark von der physikalischen Natur des Einschlusses ab. Mit abnehmender Elastizität und zunehmender Plastizität des Einschlusses vermindert sich der Faktor $\eta_{ü}$, der theoretisch bei ideal-plastischen Stoffen Null werden kann.
Es ist jedoch zu bedenken, daß Elastizität und Plastizität relative Verhaltenskriterien sind und das Sprengobjekt bzw. der Einschluß unter den extrem dynamischen Belastungsbedingungen einer Sprengeinwirkung sich in der Regel anders verhalten wird als unter statischer Belastung. Hier gewinnt die Feststellung an Bedeutung, daß die Elastizität eines Stoffes bzw. der Gesteine mit zunehmender Belastungsgeschwindigkeit anwächst.
Bei Gesteinen, die sich unter dynamischer Belastung spröde verhalten, ist der Wirkungsgrad der Energieumwandlung hoch, da in einem wirklich spröden Gestein plastisches Fließen nicht auftreten kann. Theoretisch könnte $\eta_{ü}$ den Wert 1 erreichen, d. h. die gesamte Energie könnte auf den Einschluß übertragen werden, was jedoch angesichts der Untersuchungsergebnisse dieser Arbeit (s. Abb. 19) unter praktischen Bedingungen unwahrscheinlich erscheint. Andererseits widerlegen die Versuchsergebnisse die Ansicht einiger Forscher, von der sich RINEHART ausdrücklich distanziert, die ein plastisches Fließen unter den hohen dynamischen Belastungen für wahrscheinlich und $\eta_{ü}$ für vernachlässigbar klein halten [122].
Eine wichtige Größe, die in der Zerkleinerungsphysik und -technik vielfach zur energetischen Bewertung von Zerkleinerungsprozessen und -verfahren herangezogen wird, ist der Netto-Arbeitsaufwand oder Netto-Energieaufwand (net energy input) der Zerkleinerung. Der Netto-Energieaufwand der Zerkleinerung ist ein spezifischer Energieaufwand, der die Arbeit oder Energie kennzeichnet, die bei einer bestimmten Zerkleinerungsart von der Volumen- oder Masseneinheit eines Stoffes aufgenommen bzw. auf sie übertragen werden kann und ist somit gleichsam ein Maß für die Energiekonzentration im Sprengmedium. Den spezifischen Energieaufwand erhält man durch Bezugnahme der übertragenen Energie auf die Masse bzw. das Volumen der Probekörper. In der Tab. 4 sind die auf Grund der Energiemessungen erhaltenen Werte zusammengestellt.
Aus der Tabelle ist ersichtlich, daß die Fähigkeit der Gesteine, Zerstörungsenergie aufzunehmen, von der Bezugsbasis abhängt. Während der massebezogene Energieaufwand mit zunehmender Dichte bzw. Festigkeit abzunehmen scheint, wächst die in 1 Kubikzentimeter Gestein »speicherbare« Energie in dem Maße, wie die Festigkeit des Mediums zunimmt. Ein Zusammenhang zwischen Dichte oder Festigkeit und massebezogenem Energieaufwand ist allerdings kaum ausgeprägt. Läßt man die Gesteine Tuff und Mergel

Tab. 4 Der spezifische Energieaufwand zum Sprengen der Gesteinsproben

Gesteinsart	Dichte	Spezifischer Energieaufwand			
	g/cm³	10^8 erg/g	cal/g	10^8 erg/cm³	cal/cm³
Basalt	3,00	5,14	12,25	15,42	36,75
Kalkstein	2,68	5,41	12,90	14,70	34,57
Grauwacke	2,70	5,39	12,84	14,55	34,67
Granit 1	2,77	5,02	12,07	13,91	33,43
Granit 2	2,73	5,00	11,94	13,65	32,60
Sandstein	2,21	5,65	13,58	12,49	30,21
Tuff	1,35	8,50	20,58	11,48	27,98
Mergel	1,24	8,00	19,17	9,92	23,77

als Sonderfälle unberücksichtigt, dann erscheint auch die Schlußfolgerung möglich, daß der massebezogene Energieaufwand innerhalb der Fehlergrenzen konstant ist. Das würde bedeuten, daß er von der Zerkleinerungsart und dem angewendeten Zerkleinerungsverfahren bzw. von der Art des Sprengstoffes und den Ladungsparametern abhängt; das hieße weiter, der massebezogene Energieaufwand wäre hinsichtlich der Materialeigenschaften neutral und ein Kriterium für die technologischen Einflußgrößen. Diese Deutung läßt sich durch die Tatsache belegen, daß sich der massebezogene Energieaufwand bei Verwendung gleichgroßer Probekörper, aber unterschiedlicher Gesteinsarten nur um Bruchteile ändert, während er mit zunehmender Probenstärke, unabhängig von der Gesteinsart, zunächst rasch, dann langsamer um zwei Zehnerpotenzen von 10^{10} auf 10^8 [erg/g] fällt und theoretisch Werte in der Größenordnung von 10^7 [erg/g] annehmen kann. Der Vergleich der eigenen Meßwerte mit den Untersuchungsergebnissen anderer Arbeiten, die in Tab. 5 aufgeführt sind, läßt keine Unterschiede erkennen, die nicht auf Grund der Deutung des massebezogenen Energieaufwandes als Kriterium für »äußere« Einflußfaktoren erklärbar wären.

Tab. 5 Literaturangaben über den massebezogenen Arbeitsaufwand bei der Zerkleinerung von Gestein

Autor	Art der Ermittlung	Massebezogener Arbeitsaufwand
RINEHART [122]	Berechnung	$1{,}2 \cdot 10^7$ erg/g
GROSS und ZIMMERLY [58]	Messung bei der Fallgewichtszerkleinerung	$4{,}57 \cdot 10^7$ erg/g
PIRET u. a. [115]	Kompression von Einzelteilchen	$4{,}32 \cdot 10^7$ erg/g
PIRET u. a. [115]	Kompression mehrerer Teilchen	$2{,}88 \cdot 10^8$ erg/g
SCHELLINGER [140]	Mahlung	$4{,}86 \cdot 10^7$ erg/g
SVENSSON und MURKES [159]	Mahlung in Labor-Kugelmühle	1,26 bis $2{,}70 \cdot 10^9$ erg/g

Dagegen zeigen die Werte des volumenbezogenen Energieaufwandes (Tab. 4) einen recht eindeutigen Zusammenhang mit der Dichte bzw. Festigkeit des Gesteins, der praktisch und auch inhaltlich identisch ist mit der in der Abb. 19b dargestellten linearen Abhängigkeit zwischen übertragener Energie und dynamischem E-Modul. Aufschlußreich ist auch in diesem Zusammenhang ein Dimensionsvergleich. Durch Umformen erhält man aus der Dimension des E-Moduls [kp/cm^2] die Dimension ([1 kp/cm^2 $\triangleq 10^5$ N/m^2 $= 10^5$ J/m^3 $= 10^6$ erg/cm^3]) einer volumenbezogenen Energie [erg/cm^3]. Auf Grund der kohärenten Dimensionen der beiden Größen E-Modul und volumenbezogener Energieaufwand und deren linearem Zusammenhang scheint die Annahme gerechtfertigt, daß der dynamische E-Modul ein Kriterium für die Fähigkeit eines Gesteins ist, eine bestimmte Menge Zerstörungsenergie in einer Volumeneinheit zu konzentrieren bzw. aufzunehmen.

Während der masse- und volumenbezogene Energieaufwand lediglich die Fähigkeit eines Materials kennzeichnet, unter bestimmten Bedingungen eine bestimmte Menge Zerstörungsenergie aufzunehmen, impliziert der eigentliche Begriff des spezifischen Energieaufwandes im Sinne dieser Arbeit darüber hinaus die Effizienz der aufgenommenen Zerstörungsenergie. Als Quotient aus übertragener Energie und der erzeugten Bruchfläche – in der Verfahrenstechnik als spezifische Bruchflächenenergie bezeichnet – stellt der oberflächenbezogene Energieaufwand nach den vorangegangenen Überlegungen ein Maß für die Sprengbarkeit von Gestein dar.

Die Werte für den spezifischen Energieaufwand liegen mit 10^4 bis 10^5 [erg/cm^2] (Tab. 3, S. 42) in einer Größenordnung, die den wenigen bekannten fremden Untersuchungsergebnissen entspricht. So geben SCHÖNERT und WEICHERT [148] folgende Richtwerte für die spezifische Bruchflächenenergie verschiedener Stoffe an: Gläser 10^3 bis 10^4 [erg/cm^2], Kunststoffe 10^4 bis 10^6 [erg/cm^2] und Metalle 10^6 bis 10^8 [erg/cm^2], während JOHNSON u. a. [115] beim Brechen von Quarz Werte ermitteln, deren Maximum in der Größenordnung von 10^5 [erg/cm^2] liegt.

Der oberflächenbezogene Energieaufwand ist im allgemeinen wesentlich größer als die Energie, die aufgewendet werden muß, um einen Kristall entlang einer Ebene in zwei Teile zu spalten, und die als Oberflächenenergie oder spezifische freie Grenzflächenenergie γ bezeichnet wird. Exakte Werte für die Oberflächenenergie von Gesteinen sind wenig bekannt und häufig unsicher und umstritten. Die meisten Werte beruhen auf unter vereinfachten Annahmen durchgeführten Berechnungen. BRACE [22] hat einige Werte gesammelt und durch eigene Berechnungen, die auf einer Theorie von GILMAN [53] beruhen, ergänzt, wobei er die in der Anlage 18 zusammengestellten Werte angibt. Die Werte liegen in der Hauptsache zwischen 200 und 1500 [erg/cm^2], wobei BRACE etwa 500 [erg/cm^2] als repräsentativ für gesteinsbildende Mineralien hält, während OROWAN [110] der Ansicht ist, daß die spezifische Oberflächenenergie der meisten Gesteine in der Größenordnung von 10^3 [erg/cm^2] liegt. Auch KUSNEZOW [79] gibt eine Reihe von Oberflächenwerten an, die in der gleichen Größenordnung liegen, die er aber durchweg für zu hoch hält. So errechnet er für Glimmer eine Oberflächenenergie von rd. 31 [erg/cm^2] und schreibt dazu: »Dieser Wert entspricht nach unserer Auffassung besser den Tatsachen.« Dagegen werden nach EDSER [41] bei der Zerkleinerung von Quarz 920 [erg/cm^2] und nach SMEKAL [150] $3{,}6 \cdot 10^2$ bis $3{,}6 \cdot 10^3$ [erg/cm^2] aufgewendet. Nach SCHÖNERT und WEICHERT [148] liegen die spezifischen freien Grenzflächenenergien fester Stoffe in den Größenordnungen von $\gamma = 10^2$ bis 10^3 [erg/cm^2].

Legt man zur Beurteilung des energetischen Wirkungsgrades beim Sprengprozeß eine spezifische Oberflächenenergie von 1000 [erg/cm^2] zugrunde, dann erkennt man, in welch geringem Umfange die freie Grenzflächenenergie am Energieumsatz beim Bruch beteiligt ist. Im Vergleich mit den Werten des spezifischen Energieaufwandes ergeben sich Zerkleinerungswirkungsgrade, die je nach der Gesteinsart in einem Bereich von einem bis zu mehreren Prozenten liegen. Das bedeutet, daß die beim Sprengen auf den Einschluß übertragene Energie – ganz abgesehen vom Wirkungsgrad der Energieumsetzung bei der Detonation – nur in Bruchteilen als effektive Zerkleinerungsarbeit genutzt werden kann, während der überwiegende Teil der übertragenen Energie Verlustenergie darstellt. Diese Erkenntnis entspricht den Erfahrungen, die bei der Zerkleinerung durch Mahlen, Brechen und Schlagen gemacht wurden, und wobei sich teilweise noch erheblich geringere Zerkleinerungswirkungsgrade einstellten.

7.4 Folgerungen für die Beurteilung der Sprengbarkeit von Gestein

Die Folgerungen, die aus der Deutung und Interpretation der Versuchsergebnisse hinsichtlich der Bewertung des Sprengverhaltens von Gestein auf der Grundlage energetischer Zusammenhänge gezogen werden können, sind vielfältig. Zunächst ist festzustellen, daß eine Bewertung unter verschiedenen Teilaspekten möglich und notwendig ist, um die Einflüsse der einzelnen Mechanismen der Energieübertragung, -ausbreitung und -transformation sowie der Bruchmechanismen auf den Gesamtvorgang des Sprengens herauszuarbeiten.

Unter Zugrundelegung der Energieübertragungsfaktoren ergibt sich aus den bisherigen Überlegungen, daß die Umwandlung der Gesamtenergie in technisch nutzbare Sprengenergie mit zunehmender Festigkeit des Einschlusses ansteigt. Dies führt aber nicht, wie man vielleicht annehmen könnte, zu einer wirksameren Zerkleinerung des Einschlußmaterials, sondern die entstehenden spezifischen Oberflächen steigen mit abnehmender Festigkeit. Die Zunahme der übertragenen Energie korrespondiert allerdings mit der Abnahme der spezifischen Oberfläche derart, daß zumindest für die »festen« Gesteinsarten der massebezogene Energieaufwand in gewissen Grenzen konstant ist. Das bedeutet, daß nur bis zu einer bestimmten Grenze, die in einem Bereich zwischen 10^8 bis 10^9 [erg/g] liegen dürfte, Energie zur Zerkleinerung durch Sprengen nutzbar gemacht werden kann.

Aus dem Vergleich zwischen dem spezifischen Energieaufwand und dem aus theoretischen Studien bekannten – jedoch noch nicht abgesicherten – Wert der spezifischen Oberflächenenergie ergeben sich Wirkungsgrade bei der Zerstörung, die von der Gesteinsart und deren physikalisch-mechanischen Eigenschaften abhängen. Es ist jedoch unwahrscheinlich, daß die spezifischen Oberflächenenergien der Gesteine und der gesteinsbildenden Mineralien gleichzusetzen und einheitlich sind. Man kann vielmehr davon ausgehen, daß die spezifischen Oberflächenenergien von Gesteinen niedriger liegen als die der gesteinsbildenden Mineralien, da nach der physikalischen Bruchtheorie der Bruch der Gesteine an den »Griffith«-Rissen beginnt, zu denen auch die Korngrenzen gezählt werden. Die Richtigkeit dieser Annahme würde bedeuten, daß der Wirkungsgrad der Sprengenergie für die Zerkleinerung noch erheblich niedriger liegt.

Geht man jedoch davon aus, daß bei allen technologischen Zerkleinerungsprozessen Zerkleinerungsarbeit ohne Verlustarbeit nicht möglich ist, dann ist der Wert der spezifischen Oberflächenenergie nur mehr von akademischem Interesse. Sprengen ist nicht möglich, ohne daß nicht neben der Zerkleinerungsenergie Verlustenergie für die mit der Zerkleinerung verbundenen Begleiterscheinungen, wie Deformationsenergie, Erwärmung und dergleichen aufgewendet wird. Unter diesem Aspekt gewinnt der Begriff des spezifischen (Brutto-)Energieaufwandes an Bedeutung, der alle Energieanteile erfaßt, die notwendigerweise zur Erzielung eines Sprengerfolges erforderlich sind. Der spezifische Energieaufwand wird bestimmt durch die Höhe der übertragenen Energie bzw. durch Bezugnahme des massebezogenen Energieaufwandes auf die spezifische Oberfläche und erfaßt damit die physikalischen Vorgänge bei der Übertragung von Sprengenergie auf ein Medium und die Wirksamkeit der übertragenen Energie bei ihrer Ausbreitung und Transformation in Oberflächenenergie. Die Kenntnis des massebezogenen Energieaufwandes bei einer bestimmten Kombination Sprengstoff–Gestein und seiner Veränderung bei unterschiedlichen Einsatzbedingungen erlaubt somit die Kennzeichnung und Abschätzung der Energieübertragungsverhältnisse, während die Kenntnis der spezifischen Oberflächen, die beim Sprengen entstehen, und deren Veränderung mit zunehmender Wandstärke die Beurteilung des Bruchverhaltens der Gesteine unter Sprengeinwirkung gestattet. Die im Rahmen der vorliegenden Untersuchung durchgeführten experimentellen Versuche mußten auf einen labormäßig-bedingten, kleinen Maßstab beschränkt werden, weshalb die erhaltenen Meßergebnisse eine Übertragung und Anwendung auf praktische Verhältnisse nicht ohne weiteres zulassen. Die Abmessungen der Probekörper erlaubten nur die Erfassung von 1 bis 2 Ladungsdurchmesser. Da jedoch in diesem Bereich durch Zermalmung und Pulverisierung des Einschlusses wesentliche Anteile der übertragenen Energie aufgezehrt bzw. je nach Bruchverhalten des Einschlusses oder je nach dem Umfang der entstehenden spezifischen Oberfläche gebunden werden können, ist die Kenntnis der Vorgänge im Bereich der Zermalmungszone von großer Bedeutung und geradezu Voraussetzung für die Charakterisierung des Sprengverhaltens von Gestein. Geht man von der vereinfachenden Annahme aus, daß die Zerkleinerung des Einschlusses mit zunehmender Entfernung von der Ladung kontinuierlich abnimmt, dann ist es möglich, den Umfang der Zermalmungszone quantitativ zu ermitteln, indem alle Kornfraktionen mit einem zu bestimmenden Korndurchmesser von beispielsweise kleiner 0,2 mm der Zermalmungszone zugerechnet werden. Unter dieser Annahme beträgt der Umfang der Zermalmungszone bei Basalt 17,5 mm, bei Kalkstein, Grauwacke, Granit und Sandstein etwa 30 mm und bei Tuff und Mergel rd. 35 mm. Eine interessante Deutung der Entstehung der Zermalmungszone versucht ROTH [133] in Anlehnung an eine aus der Schmiertechnik bekannte Erscheinung. Bei der Detonation eines Sprengstoffes bewegt sich die Reaktionszone ähnlich wie ein in einem Zylinder bewegter Kolben mit Detonationsgeschwindigkeit durch das Sprengbohrloch (Abb. 20). Dadurch entsteht in unmittelbarer Umgebung der detonierenden Ladung eine auf Scherung beanspruchte Zone, in der die zwischen Reaktionszonengeschwindigkeit und unbewegtem Medium herrschende Geschwindigkeitsdifferenz abgebaut wird. Die dabei auftretende Scherwirkung, die zur Zermalmung des Einschlusses führt, ist proportional dem sogenannten Geschwindigkeits- oder Schergefälle Δv, das nach KADMER [75] das Verhältnis aus Geschwindigkeitsdifferenz und Breite der Zone, innerhalb der die Geschwindigkeitsdifferenz abgebaut wird, darstellt, d. h.

$$\Delta v = \frac{v_D}{d} \left[\frac{\mathrm{m}}{\mathrm{s}} \cdot \frac{1}{\mathrm{m}}\right] \tag{17}$$

Setzt man für die Detonationsgeschwindigkeit von NP 10 $v_D = 8 \cdot 10^3 \left[\frac{\mathrm{m}}{\mathrm{s}}\right]$ und für d die oben ermittelten Stärken der Zermalmungszonen, dann erhält man für Basalt ein Schergefälle von $\Delta v = 4{,}5 \cdot 10^5$, für Kalkstein, Grauwacke, Granit und Sandstein $\Delta v = 2{,}7 \cdot 10^5$ und für Tuff und Mergel $\Delta v = 2{,}3 \cdot 10^5 \left[\frac{\mathrm{m}}{\mathrm{s}} \cdot \frac{1}{\mathrm{m}}\right]$. Überraschenderweise entsprechen diese Werte größenordnungsmäßig den aus der Literatur [75] bekannten Schergefällen, wie z. B. bei Kolbenmotoren $\Delta v = 5 \cdot 10^5$ und bei Zahnradgetrieben $\Delta v = 6 \cdot 10^5$ bis $1{,}2 \cdot 10^6 \left[\frac{\mathrm{m}}{\mathrm{s}} \cdot \frac{1}{\mathrm{m}}\right]$. Bemerkt sei noch, daß die Dichte in der Detonationszone von NP 10 größer als 2,0 [g/cm³] und somit mit der Gesteinsdichte vergleichbar ist. Andererseits entspricht die Annahme eines linearen Schergefälles sicherlich einer vereinfachten Vorstellung von der Verteilung der Schubspannungen über den Bereich der Zermalmungszone [69 u. a.]. Trotzdem bildet der Begriff des Schergefälles ein wertvolles Hilfsmittel, da er die Abschätzung der in der Zermalmungszone für die sprengtechnisch in der Regel unerwünschte Pulverisierung des Einschlusses aufgezehrte Energie, die für die weitere Zerstörung des Mediums nicht mehr zur Verfügung steht, ermöglicht. Die Kenntnis dieser Energie, die im sprengtechnischen Sinne Verlustenergie darstellt, ist notwendig, um jene Energie ermitteln zu können, die effektiv für die Sprengarbeit genutzt wird. Insofern stellt das Schergefälle ein weiteres Kriterium zur Abschätzung des Sprengverhaltens von Gestein dar.

7.5 Folgerungen für die Bemessung von Sprenganlagen

Ein zentrales Problem der wissenschaftlichen und praktischen Sprengtechnik ist die Berechnung und Bemessung von Sprenganlagen. Dabei kommt es darauf an, die sprengstoff- und anordnungsbezogenen Parameter einer Sprenganlage unter Berücksichtigung der materialbezogenen Einflußfaktoren so zu wählen, daß sich der angestrebte Sprengerfolg einstellt. Obwohl schon zahlreiche Rechenansätze entwickelt wurden, ist es bisher nicht gelungen, allgemeingültige, mathematisch-exakt formulierbare Zusammenhänge zu finden. Auf Grund der Überlegungen dieser Arbeit scheint eine Lösung der quantitativen Seite dieses Problems durch die energetische Bewertung aller Vorgänge und Mechanismen beim Sprengen möglich.

Tab. 6 Zusammenstellung der ermittelten sprengtechnischen Kennwerte

Größe	Formelzeichen	Einheit	Ermittelte Größenordnung
Gesamtenergie	E_{ges}, Q	erg	10^3
Wirkungsgrad der Energieumsetzung	$\eta_ü$	–	0,25–0,60
Massebezogener Energieaufwand	e_m	erg/g	10^8 bis 10^9
Volumenbezogener Energieaufwand	e_v	erg/cm³	10^8 bis 10^9
Oberflächenbezogener Energieaufwand	e_o	erg/cm²	10^4 bis 10^5
Spezifische Oberfläche	O	cm²/g	10^4 bis 10^5
Stärke der Zermalmungszone	d	m	10^{-2}
Schergefälle	Δv	$\frac{m}{s} \cdot \frac{1}{m}$	10^5

Aus den Zusammenhängen (15) und (16) folgt unmittelbar folgende Beziehung:

$$e_o = \frac{M E_{ges}}{V \varrho o} \eta_ü = q_m E_{ges} \frac{\eta_ü}{o} \tag{17}$$

wobei M die bei einer Sprengung eingesetzte Sprengstoffmenge in [kg] mit der Gesamtenergie E_{ges} in [cal/kg] und V das ausgebrochene Gesteinsvolumen in [m³] mit dem Raumgewicht ϱ in [Mp/m³] sind. Während diese Größen bei jeder Sprengung bekannt sind bzw. ermittelt werden können, fehlt zur Bestimmung des spezifischen Sprengenergieaufwandes e_o in [cal/m²] die Kenntnis des Wirkungsgrades der Energieumwandlung $\eta_ü$ und der spezifischen Oberfläche o in [m²/kg], Nach den Ergebnissen dieser Untersuchung erscheint es möglich, den Wirkungsgrad $\eta_ü$ in Abhängigkeit von den Eigenschaften des Einschlusses und des verwendeten Sprengstoffes experimentell mit den beschriebenen Meß- und Versuchsmethoden zu bestimmen. Wenn es gelingt, nach einer Sprengung das Haufwerk als Sprengerfolg z. B. durch statistische Auswertung stichprobenartiger Haufwerksentnahmen hinsichtlich Korngrößenverteilung und spezifische Oberfläche zu bewerten und zu quantifizieren, dann können auch die e_0-Werte praktischer Sprengungen ermittelt und in Verbindung mit den im Laboratorium gemessenen Werten alle in Tab. 6 zusammengestellten sprengtechnischen Kennwerte einer Sprengung bestimmt werden. Durch Sammlung einer Vielzahl sprengtechnischer Energiewerte sollte es möglich sein, empirisch Zusammenhänge zwischen dem Sprengerfolg und den Parametern einer Sprenganlage zu finden. Wenngleich die praktischen und meßtechnischen Schwierigkeiten zur Realisierung dieser Konzeption nicht verkannt werden, so scheint diese gegenwärtig doch die einzige zu sein, die zu überprüfbaren quantitativen Rechenansätzen führen könnte.

8. Zusammenfassung

Die Ergebnisse und Folgerungen aus dieser Untersuchung lassen sich wie folgt zusammenfassen:

1. Empirische und technologische Sprengbarkeitskennwerte erfassen und bewerten die beim Sprengen relevanten Gesteinseigenschaften nur ungenügend und kennzeichnen daher das Sprengverhalten von Gestein nur sehr ungenau.

2. Das Sprengverhalten von Gestein wird durch mehrere Gesteinseigenschaften, die je nach den inneren und äußeren Bedingungen wechselweise wirksam werden, beeinflußt. Die einzige Möglichkeit, die verschiedenen Einflußfaktoren und deren Auswirkungen einheitlich zu bewerten und damit vergleichbar zu machen, scheint durch die energetische Bewertung gegeben. Als Sprengbarkeit im Sinne dieser Arbeit wird daher der Sprengenergieaufwand je Oberflächenzunahme in [erg/cm²] oder [cal/m²] bezeichnet; d. h. der Energieverbrauch zur Erzielung eines bestimmten Sprengerfolges, der im Umfange der erzielten Oberflächenzunahme zum Ausdruck kommt, stellt ein Maß zur Beurteilung des Materialverhaltens beim Sprengen dar.

3. Das Leistungsvermögen bzw. die Arbeitsfähigkeit eines Sprengstoffes ist gekennzeichnet durch die Explosionswärme oder Gesamtenergie eines Sprengstoffes und kann bei hochexplosiven Sprengstoffen kalorimetrisch bestimmt werden. Mit dem von Mallard und Le Chatelier konzipierten und hier weiterentwickelten Meßverfahren konnte die Gesamtenergie des verwendeten Sprengstoffes NP 10 – Pentaerythrittetranitrat mit 10% Wachs – mit 1120 ± 36 [cal/g] gemessen werden, was 90–95% der theoretisch verfügbaren Gesamtenergie entspricht.

4. Der Energieaufwand bzw. die auf den Einschluß übertragene Energie konnte mit Hilfe des angewendeten Energiemeßverfahrens als Differenz zwischen den freiwerdenden Energien nicht eingeschlossener Ladungen und eingeschlossener Ladungen gemessen werden. Die Meßergebnisse liegen in einem Bereich zwischen 25 und 50%. Auf Grund einer angenommenen Wachstumsfunktion für den Energieaufwand scheinen theoretisch maximale Energieverbrauchswerte um 60% möglich. Das bedeutet, daß der sprengtechnisch maximal nutzbare Anteil der Gesamtenergie eines Sprengstoffes erheblich größer ist als bisher angenommen wird.

5. Die übertragbare Energie hängt von der Festigkeit des Einschlusses ab, d. h., sie nimmt mit dem dynamischen E-Modul des Einschlußmaterials nahezu linear zu. Das

bedeutet, daß es beim Sprengen in weniger festen Gesteinsarten unzweckmäßig ist, brisante Sprengstoffe einzusetzen, da die Energieausnutzung zu gering wird.

6. Der Sprengerfolg äußert sich im Zerkleinerungsgrad des Sprengobjektes. Von der Zerkleinerungsphysik und der Verfahrenstechnik wird als Maß für die Zerkleinerung die beim Zerkleinerungsprozeß hergestellte Oberfläche übernommen. Zur Ermittlung der beim Sprengen eines Probekörpers entstehenden Oberfläche wurde eine Sprengzerlegungsanlage entwickelt, die das Auffangen der Gesteinstrümmer ohne Nachzerkleinerung durch »fremde« Effekte gestattet. Bei der Messung der Oberflächen nach der BET-Methode wurden spezifische Oberflächen erhalten, die mit abnehmendem E-Modul von 0,74 für Basalt bis auf 5,80 [m^2/g] für Mergel ansteigen, wobei Tuff mit 22,77 [m^2/g] völlig aus der Reihe fällt, was auf die besonders hohe Ausgangsfeinheit der Matrixbestandteile bei fehlender Kornbindung zurückgeführt wird. Die spezifischen Oberflächen stellen ein Maß für das Bruchverhalten der Gesteine unter Sprengeinwirkung dar.

7. Durch Bezugnahme des Sprengenergieaufwandes auf die bei der Zertrümmerung der Gesteinsproben entstandenen Oberfläche erhält man den oberflächenspezifischen Sprengenergieaufwand. Da durch Verwendung von Probekörper gleicher Dimensionen und des gleichen Sprengstoffes in der gleichen Menge alle sonstigen Einflußfaktoren konstant gehalten wurden, kommt in den unterschiedlichen Werten des spezifischen Sprengenergieaufwandes das unterschiedliche Sprengverhalten der untersuchten Gesteinsarten zum Ausdruck. Die bei der gewählten Versuchsanordnung erhaltenen Meßwerte liegen zwischen $69{,}5 \cdot 10^3$ [erg/cm^2] für Basalt und $3{,}8 \cdot 10^3$ [erg/cm^2] für Tuff.

8. Der Vergleich des spezifischen Energieaufwandes mit der spezifischen Oberflächenenergie natürlicher Materialien, die nach Literaturangaben bei etwa 10^3 [erg/cm^2] liegt, zeigt, in welch geringem Umfange die aufgewendete Sprengenergie als effektive Zerkleinerungsarbeit wirksam wird. Trotzdem liegt der Zerkleinerungswirkungsgrad mit 1,4 bis 7,5% – Tuff ausgenommen – erheblich höher als bei anderen technologischen Zerkleinerungsprozessen.

9. Beim Sprengen von Gestein entsteht in der Umgebung einer Ladung eine pulverisierte Zone, in der große Teile der übertragenen Sprengenergie gebunden werden. Die Ausbildung einer Zermalmungszone und der damit verbundene Energieverbrauch stellen jedoch sprengtechnisch in der Regel unerwünschte, aber unumgängliche Nebeneffekte dar, die mit dem Sprengverhalten von Gestein eng zusammenhängen. Auf Grund der Deutung der Zermalmungszone als Bereich, in der die Geschwindigkeitsdifferenz zwischen dem unbewegten Medium und der sich mit Detonationsgeschwindigkeit ausbreitenden Reaktionszone abgebaut wird, erhält man in dem Begriff des Schergefälles ein Kriterium für die Fähigkeit eines Materials, der beim Durchgang einer Detonation auftretenden Scherwirkung standzuhalten. Unterstellt man ein für jede Gesteinsart charakteristisches Schergefälle – die Werte der untersuchten Gesteine liegen bei den getroffenen Annahmen zwischen 4,5 für Basalt und $2{,}3 \cdot 10^5 \left[\frac{m/s}{m}\right]$ für Tuff und Mergel – dann wird die Stärke der Zermalmungszone um so geringer sein, je niedriger die Detonationsgeschwindigkeit des verwendeten Sprengstoffes ist. Dieser auch in der Praxis festgestellte Zusammenhang erfährt somit gleichsam seine theoretische Begründung und die Grundlage zu seiner Quantifizierung.

Literaturverzeichnis

[1] Ahrens, H., Wettersprengstoffe in detonations-physikalischer Betrachtung. Nobel-Hefte 19 (1953), S. 89–105 und 114–126.

[2] Arnold, W., Untersuchungen über das Verhalten der Detonationsgeschwindigkeit beim Sprengen in verschiedenen Gesteinen. Freiberger Forschungshefte A 19 (1954).

[3] Atchison, T. C., und J. Roth, Comparative studies of explosives in marble. U. S. Bureau of Mines, Report of Investigations 5797, 1960.

[4] Atchison, T. C., und W. E. Tournay, Comparative studies of explosives in Granite. U. S. Bureau of Mines, Report of Investigations 5509, 1959.

[5] Attewell, P. B., Dynamic fracturing of rocks. Colliery Engineering, 1963, May: S. 203 bis 210, June: S. 246–252, July: S. 189–294.

[6] Bach, C., und R. Baumann, Elasticità e resistenza dei materiali. Hoepli 1928, referiert von Orsini.

[7] Bailey, D. T., R. B. Clay, M. A. Cook und D. H. Pack, Slurry explosives underground. In: G. B. Clark, International Symposium on Mining Research, Oxford: Pergamon Press 1962.

[8] Bailey, D. T., u. a., Recent development of slurry explosives underground. In: Fairhurst, C., Fifth Symposium on Rock Mechanics, Oxford: Pergamon Press 1963.

[9] Bondarenko und Kulicichin, Beurteilung der Sprengbarkeit von Gestein zur Aufstellung technischer Normen für den Streckenvortrieb. Izvestija Vyssich Ucebnych Zavedenij Geologija i Razvedka, 1968, Nr. 3, Übersetzung aus dem Russischen.

[10] Baranov, E. G., Eine Methode zur Erhöhung der Energieausnutzung von Sprengstoffen. Bergakademie 16. Jg. (1964), H. 4/5, S. 217–221.

[11] Baron, L. J., Der gegenwärtige Stand der Wissenschaft auf dem Gebiete der spanenden Bearbeitung von Gesteinen im Lichte des schöpferischen Erbes des Akademiemitgliedes A. M. Terpigorew, Moskau 1962, zitiert bei Glatmann.

[12] Batel, W., Einführung in die Korngrößenmeßtechnik. Berlin: Springer 1964.

[13] Bauer, A., Application of the Livingstone Theory. Quarterly of the Colorado School of Mines, Vol. 56, No. 1, Jan. 1961, Drilling and Blasting Symposium.

[14] Baumann, K., Messungen der Detonationsgeschwindigkeit mit Folgerungen für die bergmännische Sprengarbeit. Freiberger Forschungshefte A 79 (1958).

[15] Becker, R., Untersuchung über den Vorgang der Detonation in explosiblen Systemen. Zeitschrift für Physik 8, S. 321–362 (1962).

[16] Belaenko, F. A., und R. P. Didyk, Die Ursachen der Gesteinszerstörung durch Sprengen. Gornyj Zurnal 4 (1963), S. 32–35, Übersetzung aus dem Russischen.

[17] Bendel, L., Ingenieurgeologie, Bd. 1 und 2, Wien: Springer 1949.

[18] Bendel, L., Das Sprengen in Fels. Schweizerische technische Zeitschrift Nr. 8, 1942, S. 105ff.

[19] Bergh-Christensen, J., Über die Sprengbarkeit von Gestein beim Tunnelbau. Norwegische Technische Hochschule Trondheim (NTH), Bericht Nr. 1, 1968, Übersetzung aus dem Norwegischen.

[20] Blair, B. E., Physical properties of mine rock, Part. III, U. S. Bureau of Mines, Rep. of Invest. Nr. 5130, 1955.

[21] Blair, B. E., Physical properties of mine rock. Part. IV, U. S. Bureau of Mines, Rep. of Invest. Nr. 5244, 1956.

[22] Brace, W. F., Dependence of fracture strength of rocks on grain size. Bulletin of the mineral industries experiment station, Procedings of the fourth Symposium on Rock Mechanics, Pennsylvania, 1961.

[23] Bridgman, P. W., Studies in large plastic flow and fracture. New York, Mc Graw-Hill Book Comp. Inc., 1952.

[24] Broberg, K. B., The propagation of the brittle crack. 10. Int. Congr. of Appl. Mech.

[25] Brown, F. W., Basic performance properties of blasting explosives. Quarterly of the Colorado School of Mines. Vol. 51, 1956.

[26] Brunauer, S., P. H. Emmet und E. Teller, Adsorption of gases in multimolecular layers. Journal Am. Chem. Soc. Bd. 60 (1958), S. 309–319.

[27] Bullock, R. L., u. a., Research on the underground application of ammonium nitrate – fuel oil mixtures in small diameter holes. In: G. B. Clark, International Symposium on Mining Research, Oxford: Pergamon Press 1962.

[28] Cheatham, J. B., Rock breakage by crushing, blasting and drilling. Engineering geology 2 (5), 1968, S. 293–314.

[29] Christmann, W., Die Detonationsgeschwindigkeit der gewerblichen Sprengstoffe in der Praxis und ihr Einfluß auf das Sprengergebnis. Nobel-Hefte 26 (1960), H. 3, S. 91 bis 103.

[30] Christmann, W., Der Wirkungsmechanismus beim Sprengen von Gestein. Nobel-Hefte 30 (1964), S. 185–194.

[31] Cole, R. H., Underwater explosions, Princeton, Princeton University Press, 1948.

[32] Cook, M. A., The science of high explosives. New York, Reinhold, 1966, 4. Auflage.

[33] Courant, R., und K. O. Friedrichs, Supersonic flow and shock waves, New York, Interscience publishers, 1948.

[34] Davydov, S. A., Über zu sprengende Medien. Gornyj Zurnal 1959, 3, Übersetzung aus dem Russischen.

[35] DIN 4187: Lochbleche für Prüfsiebe. Deutscher Normenausschuß.

[36] DIN 4188: Drahtgewebe für Prüfsiebe. Dutscher Normenausschuß.

[37] DIN 4190: Prüfsiebung – Doppeltlogarithmisches Körnungsnetz. Deutscher Normenausschuß.

[38] Dobreff, J., Ein Verfahren zur Ermittlung des Oberflächen-Formfaktors. Bergakademie (Freiberg), Bd. 11 (1959), Nr. 5, S. 292–294.

[39] Duvall, W. J., und T. C. Atchison, Rock breakage with confined concentrated charges. Mining Engineering, 1959, Juni, S. 605–611.

[40] Duvall, W. J., und T. C. Atchison, Rock breakage by explosives. USBM, Rep. of Investigation, Nr. 5356, 1957.

[41] Edser, E., Fourth report on colloid chemistry and its general and industrial applications. British Association for the Advancement of Science, S. 281 ff.

[42] Encyclopedia of Chemical Technology, Vol. 6, New York, Interscience Publishers Inc., 1951.

[43] Eyring, H., R. E. Powell, G. H. Duffey und R. B. Parlin, The stability of detonation. Chemical review 45 (1949), S. 69–181.

[44] Filler, W. S., Postdetonation pressure and thermal studies of solid high explosives in a closed chamber. Sixth Symposium on Combustion, S. 648–657.

[45] Fjodorow, S. A., Hauptgrubenbaue. VEB-Verlag Technik, Berlin 1954.

[46] Förg, R., Thermodynamische Sprengstoffuntersuchungen. Zeitschrift f. d. g. Schieß- und Sprengstoffwesen 11 (1916), Nr. 19, S. 329 ff.

[47] Fogelson, D. E., W. J. Duvall und T. C. Atchison, Strain energy in explosion-generated strain pulses. U. S. Bureau of Mines, Report of Investigations Nr. 5514, 1959.

[48] Fogelson, D. E., W. J. Duvall und T. C. Atchison, Propagation of peak strain energy from explosion-generated strain pulses in rock. Symposium on Rock Mechanics, Quarterly of the Colorado School of Mines, Vol. 54, 1959.

[49] Fraenckel, K., Auf Sprengarbeiten einwirkende Faktoren. Handbuch für Sprengarbeiten, Atlas-Diesel AB, Stockholm, 1953.

[50] Friedrich, W., und W. Brün, Die sprengtechnischen Eigenschaften des Dipenthaerythrithexanitrats. Zeitschrift für das gesamte Schieß- und Sprengstoffwesen 27 (1932), S. 156 ff.

[51] Gaek, J. V., M. P. Drukovanyi und V. V. Micin, Der Mechanismus der Gesteinszerstörung und die Berechnung der Verzögerungsintervalle beim Vortrieb von Grubenbauen. Ugol, Gosgortechizdat Nr. 7, 1962, Moskau, S. 22–25, Übersetzung aus dem Russischen.

[52] GALL, L., Über ein neues Gerät zur schnellen Bestimmung spezifischer Oberflächen. Meß- und Regeltechnik 4 (1964), Nr. 12, S. a107 bis a111.
[53] GILMAN, J. J., Cleavage, ductility and tenacity in crystals. In: Fracture, New York, John Wiley, S. 193–224.
[54] GLATMANN, L. B., Die Kontaktfestigkeit von Gesteinen. Naucnye soobscenija Instituta Gornogo Dela im A. A., Skocinskogo 1963, Nr. 21, S. 117–124.
[55] GRANT, C. H., Simplified explanation of crater method. Engineering and Mining Journal, Vol. 165, No. 11, Nov. 1961, S. 86–89.
[56] GRIFFITH, A. A., The phenomena of rupture and flow in solids. Phil. Trans. Roy. Soc. 221 A (1920), S. 163–198.
[57] GRINE, D. R., und G. R. FOWLES, The attenuation of shock waves in solid materials with seismic applications. Third Symposium on Rock Mechanics, Quarterly of the Colorado School of Mines, Vol. 54, Nr. 3, July 1959, S. 251–269.
[58] GROSS, J., und S. R. ZIMMERLY, Crushing and gringing III. Trans. AIME, Nr. 87, 1930.
[59] GUIDI, C., Teoria dell'elasticita e resistenza dei materiali. Bona 1939, referiert bei Orsini.
[60] GURLT, A., Betrachtungen über die Theorie des Sprengens. Civilingenieur, 1854, S. 249 ff.
[61] HÄNSEL, H., Untersuchung über die Splitterbildung bei ruhendem Geschoß. Wehrtechnische Monatshefte 60 (1963), S. 272–278.
[62] HAID, A., und A. SCHMIDT, Experimentelle Untersuchungen über den detonativen Zerfall von Sprengstoffen. Zeitschrift f. d. g. Schieß- und Sprengstoffwesen 26 (1931), S. 293–298.
[63] HAHN, L., und W. CHRISTMANN, Untersuchungen über den Wirkungsmechanismus des Millisekundenschießens. Nobel-Hefte 24 (1958), H. 1, S. 1–35.
[64] HARRIS, C. C., und D. HOWITT, A method for the routine measurement of particle shape factors in the sieve range. Nature (London) Bd. 187 (1960), Nr. 47.35, S. 401–403.
[65] HARZT, D., Messung der Detonationsgeschwindigkeit unter praktischen Betriebsbedingungen und Feststellung des Einflusses sprengtechnischer Kennwerte und Sprengstoffdaten, insbesondere der Detonationsgeschwindigkeit auf das Sprengergebnis. Freib. Forschungshefte A 371, S. 115–183.
[66] HAUL, R., und G. DÜMBGEN, Vereinfachte Methode zur Messung von Oberflächengrößen durch Gasadsorption. Chem. Ing. Techn., 32, S. 349 ff., 1960.
[67] HAUL, R., und G. DÜMBGEN, Vereinfachte Methode zur Messung von Oberflächengrößen durch Gasadsorption. Chem. Ing. Techn., 35, S. 586 ff., 1963.
[68] HAWKES, I., A study of stress waves in rocks and the blasting action of an explosive charge. Colliery Engineering May 1959, S. 186–196, July 1959, S. 299–307.
[69] HERBERG, W., und H. DIMITROV, Festigkeitslehre. Bd. II, Sammlung Göschen, Band 1145/1145a, Berlin: Walter de Gruyter & Co., 1955.
[70] HINO, K., Theory of blasting with concentrated charge. Journal of the Industrial Explosives Soc., Japan 1956, Vol. 15, Nr. 4, S. 233–249.
[71] HINO, K., Fragmentation of rock through blasting and shock wave theory of blasting. Quarterly of the Colorado School of Mines, July 1956, S. 189–209.
[72] HÖFER, H., Beiträge zur Spreng- und Minentheorie. Österreichische Zeitschrift für das Berg- und Hüttenwesen. Nr. 11–13, 1880–1883.
[73] HOPKINSON, The effects of the detonation of gun-cotton. Scientific papers 1921, S. 461, Cambridge University Press.
[74] HOPKINSON, A method of measuring the pressure produced in the detonation of high explosives of by the impact of bullets. Royal Soc. (London), Vol. 213 A, 1914, S. 437 ff.
[75] KADMER, E. H., Merkmale und Grenzen der chemischen Schmierstoffzusätze. Chemiker-Zeitung 84. Jg. (1960), S. 675–682.
[76] KEIL, K., Ingenieurgeologie und Geotechnik, Halle/Saale, 1951.
[77] KOTTAS, H., Das Resonanzverfahren zur Messung mechanischer Schwingungen und Materialeigenschaften. Zeitschrift für Instrumentenkunde, 72. Jg., H. 7, Juli 1964, S. 199–204.

[78] Kurbatov, V. M., Der Einfluß der Belastungsgeschwindigkeit auf die mechanischen Eigenschaften von Gesteinen. Übersetzung aus: Naucnyje soobscenija Instituta Gornogo Dela im A. A. Skocinskogo 1963, Nr. 21, S. 95–101, Übersetzung aus dem Russischen.

[79] Kusnezow, W. D., Einfluß der Oberflächenenergie auf das Verhalten fester Körper. Akademie-Verlag, Berlin 1961.

[80] Langefors, U., und B. Kihlström, The modern technique of rock blasting. Stockholm, Almquist und Wiksell, 1967.

[81] Langefors, U., Fragmentation in rock blasting. Mining and Minerals Engineering, 1966, S. 339–247.

[82] Lares, H., Zur Frage der genaueren Berechnung der bergmännischen Sprengladungen. Zeitschrift f. d. g. Schieß- und Sprengstoffwesen, 1939, S. 105, 146, 181, 206ff.

[83] Lenze, Jahresbericht des Militärversuchsamts 3, 13 (1896).

[84] Lindeijev, E. W., und J. S. Leemans, Eine neue Methode zur Bestimmung der Splittermassenverteilung von Splittermunition. Explosivstoffe 16 (1968), Juli, S. 141–145.

[85] Linden, E. van der, Erfahrungen mit dem Kraterprüfverfahren nach Livingston im Schichtgestein. Nobel-Hefte 1967 (33), S. 85–104.

[86] Livingston, C. W., Explosions research applied to mine and quarry blasting. The mines magazine 1960, April, S. 28/29, Mining engineering 1960, January, S. 29/30.

[87] Livingston, C. W., Fundamental concepts of rock failure. Quarterly of the Colorado School of Mines, Vol. 51, No. 3, June 1956.

[88] Lukes, J., Calculation and application of heading and deephole blasts for the development of new quarry faces. Symposium on opencast mining, quarrying and alluvial mining, London 16–19, Nov. 1964, Paper 11, S. 1–20.

[89] Makhin, P. A., und V. K. Karchevskii, New theory of rock fracturing by blasting. Fiziko-Teknicheskie Problemy Razrabotki Poleznych Iskopaemych, No. 3, S. 51–67, Mai/Juni 1965, Engl. Übersetzung aus dem Russischen.

[90] Mallard, Vieille und Berthelot, L'emploi des explosifs en présence du grisou. Chapitre premier S. 370–379, Description des appareils et des procédés d'expérimentation. Mémorial des Poudres et Salpêtres, Rapport sur le fonctionnement des explosifs, 5. Juli 1888, S. 164–465.

[91] Mambetov, Sh. A., und V. N. Mosinec, Kinetics of the propagation of fractures in the process of explosive breaking of rocks. Fiziko-Teknicheskie Problemy Razrabotki Poleznych Iskopaemych No. 3, S. 68–77, Mai/Juni 1965, Engl. Übersetzung aus dem Russischen.

[92] Masukow, V. J., Der Energiebedarf beim Sprengen von Gestein. Nachrichten der Hochschulen, Nr. 11, 1965, Zeitschrift für Bergbau, S. 79–82, Übersetzung aus dem Russischen.

[93] Mc Queen, R. G., und S. P. Marsh, Equation of state for nineteen metallic elements from shock-wave measurement of two megabars. Journal of Applied Physics, Vol. 31, No. 7, July 1960, S. 1253–1269.

[94] Médard, M. W., Physique des explosifs, Mem. de l'art. française 28 (1954), S. 415ff., T 32 (1958), S. 950/951.

[95] Meldau, R., Handbuch der Staubtechnik, Düsseldorf, Deutscher Ingenieur-Verlag GmbH., 1952.

[96] Melnikov, N. V., Influence of explosive charge design on results of blasting. Int. Symp. on Mining Research by G. B. Clarke, Pergamon Press, Oxford 1962.

[97] Ministry of Supply, United Kingdom, Armament Research Establishment Memo 1/51 (April 1951).

[98] Morris, G., Generation of seismic waves by explosives, Geophysics, Vol. 15, Nr. 1, 1950.

[99] Mosinec, V. N., Bedingungen der plastischen und spröden Gesteinszertrümmerung durch die Sprengung. Fiz. techn. problemy, razrabotki polezn. iskopaemych, 1965 (2), S. 34–46, Übers. aus dem Russischen.

[100] Mosinec, V. N., Mechanismus der Zerstörung der Gesteine durch Sprengen in Abhängigkeit von der Charakteristik der Klüftigkeit und den Elastizitätskonstanten. Fiz.

techn. problemy razrabotki polezn. iskopaemych 1966, Nr. 5, S. 63–72, Übers. aus dem Russischen.

[101] MÜLLER, L., Der Felsbau. Enke-Verlag, Stuttgart, 1963.

[102] NAOUM, PH., Nitroglyzerin und Nitroglyzerin-Sprengstoffe. Berlin 1924.

[103] NICHOLLS, H. R., und W. J. DUVALL, Effect of characteristic impedance on explosion-generated strain pulses in rock. In: Fairhurst, C., Fifth Symp. on Rock Mechanics, New York, Pergamon Press, 1963.

[104] NOVOTNY, M., und F. LEHR, Kennziffern industrieller Sprengstoffe und ihre Beziehung zur Sprengwirkung bei Sprengarbeiten. Rudy (1959) 6, S. 185–189.

[105] ØDEGÅRD, E., Der Spannungswechsel im Gestein beim Ausführen von Sprengungen. Tekn. Ukeblad 103 (1956), Nr. 40, S. 913–921.

[106] OHNESORGE, A., Grundlagen zum Entwerfen und Berechnen von Abschlägen beim Streckenvortrieb. Explosivstoffe 5, 1957, S. 23–29, 46–52, 114–120, 148–156, 244–249, 267–271, 6, 1958, S. 13–18.

[107] OHNESORGE, A., Grundlagen zur Errechnung der Lademengen bei Vorgaben von 0,3 bis 3 m. Nobel-Hefte 13, 1938, S. 86–96.

[108] OHNESORGE, A., und H. BOIDA, Entwerfen und Berechnen von Kammerminensprengungen. Nobel-Hefte 13, 1938, S. 1–18.

[109] ORNELLAS, D. L., J. H. CARPENTER und S. R. GUNN, Detonation Calorimeter and results obtained with pentaerythrol-tetranitrate (PETN). The Review of Scientific Instruments, Vol. 37, Nr. 7, Juli 1966, S. 907–912.

[110] OROWAN, E., Die erhöhte Festigkeit dünner Fäden. Z. Phys. Bd. 86, S. 195–213 (1933).

[111] ORSINI, G., La meccanica delle mine. L'industria mineraria, Februar 1965: S. 7–22, März 1965, S. 119–131.

[112] PACK, D. C., The reflection and transmission of shock waves, the reflection of a detonation wave at a boundry. Phil. Mag. Febr. 1957, S. 182–183.

[113] PEARSE, G. E., Rock blasting. South African Mining Journal 66, I (1955), Nr. 3, S. 249–255.

[114] PEELE, R., Mining engineer's handbook. 3. Aufl.

[115] PIRET, E. L., J. N. S. KWONG, J. T. ADAMS und J. F. JOHNSON, Energy – New surface relationship in the crushing of solids. Chemical Engineering Progress, 1949, Vol. 45, S. 508ff., 655ff., 708ff.

[116] PRICE, D., Dependence of damage effects upon detonation parameters of organic high explosives. U. S. Naval Ordnance Laboratory Rept. NOLTR, White Oak, Silver Spring, Maryland, 1959.

[117] RAMMLER, E., und E. GLÖCKNER, Neuerungen in der Auswertung von Körnungsanalysen im Körnungsnetz nach Rosin–Rammler–Bennett. Die Technik, Jg. 7, H. 9 (1952), S. 555–557.

[118] RAMMLER, E., und W. FISCHER, Über die Kornzusammensetzung von Mischkollektiven aus der RRS-Exponentialformel gehorchenden Körnungen. Freiberger Forschungs-Hefte, Reihe A 62 (1957), S. 97–144.

[119] RICE, M. H., und J. W. WALSH, Equation of state of water to 250 kilobars. The Journal of Chemical Physics, Vol. 26, Nr. 4, 195, S. 824–830.

[120] RINEHART, J. S., und J. PEARSON, Behavior of metals under impulsive loads. Cleveland 1954, Americ. Soc. Metals, New York 1965, 2. Aufl.

[121] RINEHART, J. S., Effects of transient stress waves in rocks. In: C. B. Clark, International symp. on Mining Research, Oxford, Pergamon Press, 1962.

[122] RINEHART, J. S., Surface energy, a mode for energy absorption during impact. Am. Journal of Physics, Vol. 21, S. 305–307, 19.

[123] RINEHART, J. S., On fractures caused by explosions and impacts. Quarterly of the Colorado School of Mines, Vol. 55, 1960.

[124] RINEHART, J. S., The role of stress wave in comminution. Quarterly of the Colorado School of Mines, Vol. 54, 1959.

[125] RINEHART, J. S., Fracturing under impulsive loading. Symp. on Mining Research, University of Missouri, 1958.

[126] Roth, J. F., Die Messung der Gesamtenergie – Explosionswärme – mit dem Luftkalorimeter nach Mallard und Le Chatelier. (Chaudière calorimétrigue à air de Mallard et Le Chatelier.) Unveröffentlichte Mitteilung des Wissenschaftlichen Lab. der Dynamit AG vom 12. März 1959.

[127] Roth, J. F., Versuche mit einem Stoßpendel zur Aufklärung des Detonationsablaufs bei Wettersprengstoffen. Nobel-Hefte 23 (1957), S. 38–48.

[128] Roth, J. F., Die Sprengleistung von Wetter-Carbonit A und Wetter-Securit A. Nobel-Hefte 20 (1954), S. 116–120.

[129] Roth, J. F., Die Ermittlung der Sprengkraft. Nobel-Hefte 26 (1960), S. 61–65.

[130] Roth, J. F., Ballistische Meßverfahren zur Bestimmung der Sprengkraft (Energie) und des Detonationsstoßes (Brisanz). Explosivstoffe 5 (1957), S. 161–176.

[131] Roth, J. F., Die elementare Ableitung der Strömungsgesetze der Detonation. Explosivstoffe 6 (1958), Nr. 2, S. 23–31, Nr. 3, S. 45–54.

[132] Roth, J. F., Verbrennung, Initiierung, Detonation und Explosion. Nobel-Hefte 20 (1954), Nr. 2, S. 29.

[133] Roth, J. F., Private Mitteilung, Juni 1969.

[134] Rumpf, H., Untersuchungen der Genauigkeit der Kornanalyse. Staub Bd. 20 (1960), S. 253–265.

[135] Rziha, E., Über die Theorie der bergmännischen Sprengarbeit. Berg- und hüttenmännisches Jahrbuch der K. K. Bergakademien XVI. 1866.

[136] Rziha, F. v., Die Gewinnungsfestigkeit der Erd- und Felsmassen in Einschnitten. Zentralblatt der Bauverwaltung, 1889, S. 176ff.

[137] Rziha, F. v., Lehrbuch der gesamten Tunnelbaukunst, Berlin, 1867.

[138] Schardin, H., Kinematografische Analyse des Bruchvorganges. 1. Europ. Symp. Zerkleinern in Frankfurt, Herausgeb. Rumpf, Düsseldorf 1962, S. 31–48.

[139] Scheidig, A., und H. Leussink, Die Bodeneinteilung in den technischen Vorschriften für Erdbauarbeiten. Bautechnik, 1939, S. 445ff.

[140] Schellinger, A. K., Solid surface energy and calorimetric determinations of surface – energy relationship for some common minerals. Trans. AIME, 1952, Vol. 193, S. 369-374, Mining engineering, 1952.

[141] Schmidt, A., Über die Detonation von Sprengstoffen und die Beziehung zwischen Dichte und Detonationsgeschwindigkeit. Zeitschrift f. d. g. Schieß- und Sprengstoffwesen 30 (1935), S. 364–369; 31 (1936), S. 8–32.

[142] Schmidt, A., Thermochemische Tabellen für die Explosivchemie. Zeitschrift f. d. g. Schieß- und Sprengstoffwesen 29 (1934), S. 259ff. und 296ff.

[143] Schmidt, A., Die Theorie des Verdichtungsstoßes in Gasen und der Detonationswellen. Zeitschrift f. d. g. Schieß- und Sprengstoffwesen 27 (1932), S. 145–149, 184–188, 225–228, 264–267, 299–302.

[144] Schmidt, A., Über die Ermittlung der Sprengkraft detonierender Explosivstoffe nach der Methode des ballistischen Pendels. Nobel-Hefte 21 (1955), S. 13–24.

[145] Schmidt, A., Über die Energie und Arbeitsfähigkeit von Explosivstoffen bei der Detonation. Zeitschrift f. d. g. Schieß- und Sprengstoffwesen 30 (1935), S. 33ff., 75ff., 101ff., 145ff.

[146] Schmitz, C., Unveröffentlichter Bericht über die petrografische Untersuchung der verwendeten Gesteine, Aachen, 1969.

[147] Selberg, H. L., Transient compression waves from spherical or cylindrical cavities. H. K. Lewis, 1952.

[148] Schönert, K., und R. Weichert, Die Wärmetönung des Bruches in Eisen und ihre Abhängigkeit von der Ausbreitungsgeschwindigkeit. Chemie-Ing.-Techn., 41. Jg. 1969, Nr. 5 und 6, S. 295–300.

[149] Sklenar, J., Der Einfluß des physikalischen Zustandes und der Eigenschaften der Gesteine auf die Ausbreitungsgeschwindigkeit elastischer Wellen. Übersetzung aus Rudy 16 (1968) Nr. 1, S. 12–17.

[150] Smekal, A., Bruchtheorie spröder Körper. Zeitschrift für Physik (1936), S. 495–525.

[151] Smekal, A., Theoretische Grundlagen der Hartzerkleinerung. VDI-Zeitschrift, Beiheft: Verfahrenstechnik Nr. 1 (1937).

[152] Srejner, L. A. u. a., Die mechanischen und abrasiven Eigenschaften von Gesteinen. Gastoptechizdat 1958, zitiert bei Glatmann.

[153] Stanyukovich, K. P., Unsteady motion of continuous media. Oxford: Pergamon Press, 1960.

[154] Stettbacher, A., Spreng- und Schießstoffe. Zürich: Rascher-Verlag 1948.

[155] Stettbacher, A., Nitrozellulose 4 (1933), S. 204ff.

[156] Stobbe, Errechnen von Minenladungen für größere Tiefen. Zeitschrift f. d. g. Schieß- und Sprengstoffwesen 22 (1927), S. 161, 206.

[157] Stüssi, F., Sprengversuche und Truppenausbildung. Technische Mitteilungen für Sappeure, Pontoniere und Mineure 7 (1942), S. 32, 165 und 209, 9 (1944), S. 65, 216.

[158] Sutherland, R. B., Some dynamic and static properties of rock. Proc. Symp. Rock Mech., 5the Minnesota, 1963, Pergamon Press New York.

[159] Svensson, J., und J. Murkes, An empirical relationship between work input and particle size distribution before and after grinding. Progress in mineral dressing. Trans. Int. Min. Dress. Congr., Stockholm 1957, S. 37–66.

[160] Talobre, J., La mécanique des roches. Dunod, Paris 1957.

[161] Taylor, J., Detonation in condensed explosives. Oxford University Press 1952.

[162] Taylor, W., und G. Morris, The absolute measurement of the available energy of high explosives by the ballistic mortar. Trans. Faraday Soc. 28 (1932), S. 545–548.

[163] Taylor, W., und J. H. Cook, Unproved operation of the ballistic mortar for determining the »power« of high explosives. Journ. Scient. Instruments and Physics in Industry, London, Bd. 26, 1949, S. 266–268.

[164] Tiedemann, Über Bodenuntersuchungen bei Entwurf und Ausführung von Ingenieurbauten. 4. Aufl., Berlin: Wilhelm Ernst & Sohn, Berlin 1952.

[165] Tonegutty, M., Die Explosionswärme des Tetranitropentaerythrits und des Trimethylentrinitramins. Zeitschrift f. d. g. Schieß- und Sprengstoffwesen 32 (1937), S. 93ff.

[166] Turuta, N. U., A. T. Galimullin und D. F. Pancenko, Zur Untersuchung der Zeitkennlinien des Zertrümmerungsvorgangs durch Sprengungen. Fiziko-techniceskie problemy razrabotki poleznych iskopaemych Novosibirsk (1966) 1, S. 43–48, Übers. aus dem Russischen.

[167] Walsh, J. M., und M. H. Rice, Dynamic Compression of liquids from measurements on strong shock waves. Journal of Chemical Physics, Vol. 26, No. 4, April 1957, S. 815–822.

[168] Weichelt, F., Handbuch der Sprengtechnik, VEB Carl Marhold Verlag, Halle, 1956.

[169] Wild, H. W., und U. Rüger, Zur Frage der Schießbarkeit des Gesteins im Steinkohlengebirge. Nobel-Hefte 30 (1964), S. 137–156.

[170] Windes, S. L., Physical properties of mine rock. Part. II, U. S. Bureau of Mines, Rep. of Invest. Nr. 4717, 1950.

[171] Windes, S. L., Physical properties of mine rock. Part. I, U. S. Bureau of Mines, Rep. of Invest. Nr. 4459, 1949.

[172] Wöhler, L., und F. J. Roth, Über die Brisanz von Explosivstoffen. Zeitschrift f. d. g. Schieß- und Sprengstoffwesen 29 (1934), S. 9ff.

[173] Zaruba, Q., und V. Mencl, Ingenieurgeologie. Akademie-Verlag, Berlin, 1961.

[174] Zel'dovich, Ya. B., Physics of shock waves and high temperature hydrodynamic phenomena. Translation Foreign Technology Division, Ohio: Air Force, 1965.

[175] Zschokke, B., Handbuch der militärischen Sprengtechnik, Leipzig 1911.

Nachtrag:

[176] DIN 20163, Begriffe und Benennungen der Sprengtechnik. Entwurf Febr. 1968, Beuth, Berlin–Köln 1968.

[177] Schmidt, A., Zusammenstellung der thermochemischen Daten der wichtigsten militärischen Sprengstoffe, unveröffentlicht.

Anhang

a) Anlagen

Anlage 1 Einteilung der Gebirgsarten nach ihrer Gewinnbarkeit
[17, 76, 136, 137, 139, 164, 173 u. a.]

Gebirgsart	Verbrauchte Tagewerke* je m³ Gebirge	Leistung** in m³/Std.	Menschenarbeit* mkg/m³	Gewinnungsfestigkeit* mkg/m³	Dynamitarbeit*** je m³	Dynamitverbrauch kg/m³
Milder Stichboden	0,08	1,2	10 400	10 400	–	–
Schwerer Stichboden	0,12	1,0	15 600	15 600	–	–
Milder Hackboden	0,16	0,6	20 800	20 800	–	–
Schwerer Hackboden	0,20	0,5	26 000	26 000	–	–
Mildes brüchiges Gestein	0,20–0,40	0,35	39 000	39 000	–	–
Festes brüchiges Gestein	0,40–0,60	–	65 000	72 500	7 500	0,1
Festes Spreng-gestein	0,60–0,80	0,17	91 000	106 000	15 000	0,2
Sehr festes Spreng-gestein	0,80–1,20	0,12	130 000	152 500	22 500	0,3
Höchst festes Spreng-gestein	1,20–2,00	–	208 000	245 500	37 500	0,5

* nach RZIHA [136] und KEIL [76]: 1 Tagewerk = 10 Stunden = 130 000 mkg.
** nach SCHEIDIG u. a. [139].
*** nach RZIHA [136]: Angenommene Sprengleistung von Dynamit 75 000 mkg/kg.

Anlage 2 *Erfahrungswerte für den Materialkoeffizienten bei bergmännischen Ladungen* [17, 18, 82 u. a.]

Art und Beschaffenheit des Gesteins	Material-koeffizienten	Verwendete Ladeformel
Sehr feste Gesteine (Quarzit, fester Granit)	1,0	Ladeformel von HÖFER–CHALON:
Feste Gesteine (Granit, Porphyr, Gneis)	0,8	$M = c\,e\,W^2$ M .. Ladungsmasse [kg]
Fester Schiefer, Körniger Kalk	0,5	c .. Materialkoeffizient [–] e .. Brisanzfaktor [–]
Mittelfeste Gesteine (Kalk, Schiefer)	0,3	W .. Vorgabe [m]
Lose Gesteine	0,05	
Massiver Granit	0,6	Ladeformel von HAUSER
Gneis, Porphyr	0,5	$M = c\,d\,W^3$
Fester Kalk	0,4	M, c, W ... siehe oben
Mittelfester Kalk	0,2	d .. Verdämmungsziffer [–]
Weicher Kalk	0,1	
Fels	0,6–1,0	Ladeformel von HAUSER:
Schweres Erdreich	0,4	$M = c\,d\,W^3$
Mittleres Erdreich	0,3	M, c, d, W ... siehe oben
Leichtes Erdreich	0,2	

Anlage 3 *Einteilung der Gebirgsarten nach ihrer Sprengbarkeit im Stollen- und Tunnelbau nach* Bendel [17, 18]

Sprengbarkeits-grad	Gesteins-beschaffenheit	Gesteinsarten	Spezifischer Sprengstoffaufwand Richt-stollen kg/m³	Kalotte kg/m³	Voll-ausbruch kg/m³	Mittel kg/m³
Schwer schießbar	Dichte ungeschichtete Lagerung ohne Bänke, große Mächtigkeit und Härte	Granit, je nach Quarzgehalt, Körnung und tektonischer Vorgeschichte, Verrucano mit viel Quarz und vielen Rissen, Jurakalke, die stark rissig sind, Moräne, die trocken, lehmhaltig und zäh ist	3,5–5,0	1,3–2,1	0,8–1,3	1,3–2,1
Mittelschwer schießbar	Geschichtete Lagerung, kompakt mit schwacher Bankung	Gesteinsschichten, die senkrecht zur Stollenachse stehen, Kalksteine, die dicht und ohne Risse sind, Sandsteine Mergellagen mit kalktonigem Bindemittel	2,0–3,5	0,7–1,3	0,4–0,8	0,7–1,0
Leicht schießbar	Zerrissenes, zerklüftetes, elastisches, weiches Gestein	Diorite, Amphibolite, faserige Hornblende, Jurakalke mit starken Verschürfungen, Zerklüftung und Wechsellagerung zwischen Kalkbänken und tonig-mergeligen Zwischenlagen, tertiäre Nagelfluh infolge verschieden harten Gesteins, wie Granit, Quarzit, Kalk, Hornblende, Sandsteine usw., Moräne, die ungleichmäßig zusammengesetzt ist	1,0–2,0	0–0,7	0,1–0,4	0,3–0,7

Anlage 4 *Einheitsklassifikation der Gesteine nach ihrer Sprengbarkeit und Festigkeit* [45]

Gesteins-kategorie	Sprengbarkeitsgrad	Sprengstoff-verbrauch (Ammonit Nr. 2) kg/fm³	Festigkeits-koeffizient *f* nach Protodjakonow	Festigkeitsgrad nach Protodjakonow	Gesteinsarten nach Protodjakonow
1 2 3	hochgradig schwer sprengbar	8,3 6,7 5,3	20	hochgradig festes Gestein	Die allerfestesten Quarz- und Basaltgesteine, die ganz besonders festen anderen Gesteine
4 5 6	sehr schwer sprengbar	4,2 3,8 3,0	15	sehr festes Gestein	Sehr feste Granitgesteine, Quarz, Porphyr, sehr fester Granit, kieseliger Schiefer (weniger fest als obiger Quarz), die allerfestesten Sand- und Kalksteine
7 8	schwer sprengbar	2,4 2,0	10 8	festes Gestein	Granit (fest) und Granitgestein, sehr fester Sand- und Kalkstein, Quarzadern, feste Konglomerate, Kalksteine (fest), loser Granit, fester Sandstein, fester Marmor, Dolomit, Gneis
9 10	unterdurchschnittlich sprengbar	1,5 1,25	6 5	recht festes Gestein	Gewöhnlicher Sandstein, Eisenerze sandiger Schiefer, Schiefersandstein
11 12	durchschnittlich sprengbar	1,0 0,8	4 3	mittleres Gestein	Fester lehmhaltiger Schiefer, loser Sand- und Kalkstein, weiche Konglomerate, verschiedener Schiefer (lose), fester Mergel
13 14	überdurchschnittlich sprengbar	0,6 0,5	2 1,5	recht weiches Gestein	Weicher Schiefer, sehr weicher Kalkstein, Kreide, Gips, gefrorener Boden, gewöhnlicher Mergel, zerstörter Sandstein, Schottergrund, zerstörter Schiefer, Konglomerate von Geröll und Schotter, erhärteter Lehm, feste Steinkohle
15 16	leicht sprengbar	0,4 0,3	1,0 0,8	weicher Grund	Fester Lehm, fester lehmhaltiger Grund, weiche Steinkohle, leichter sandhaltiger Lehm, Löß, Kies

Anlage 5 Einteilung der Gesteine nach ihrem Sprengwiderstand [17, 18, 82, 106, 107, 108, 168]

		Klassifikation der Gesteine nach Lares (Bendel)	Druckfestigkeit kp/cm²	Gesteinsfestigkeitsfaktor *f*	Klassifikation der Gesteine nach Weichelt (Ohnesorge)
Hartgestein	Sehr schwer schießbar	Äußerst feste, zähe, dichte Quarzite	3000	1,6	Mittelwert für alle Gesteine, Findlingsquarzite
		Basalt, Amphibolit, Melaphyr	3000	1,3–1,5	
		Äußerst feste kompakte Basalte	2800	1,4	Mittelwert für Basalt, Diabas, Granit, Granulit, Melaphyr, Quarzit, Hornblende
		Andesite, Diabase, Gabbro, äußerst feste Diorite, Eklogite, Granulite	2600–3000	1,3–1,5	Amphibolit, Basalt, Diabas, Granit, Granulit, Melaphyr, Quarzit, Hornblende
		Grauwacken	2400	1,2	Basalt, Diabas, Diorit, Eklogit, Gabbro, Granulit, Grauwacken; Mittelwert für dickbankigen zähen Quarzporphyr, Phonolit
		Sehr feste Granite, Quarzite, Quarzporphyre, Kieselschiefer, Serpentine	2200	1,1	Granit, Grauwacke, Kieselschiefer, Quarzporphyr; Mittelwert für dickbankigen Granit
	Schwer schießbar	Grauwacken, Gneise, Syenite, Porphyrite, Amphibolite, Gabbro	2000 (Bezugsfestigkeit)	1,0	Granit, Grauwacke, Phonolit; Mittelwert für Grauwacke, Findlinge bei Hartgesteinen
		Granite, Gneise, Syenite, Porphyrite, Amphibolite	1800	0,9	Gabbro, Gneis, Granit, Porphyrit, Syenit; Mittelwert für dünnbankigen und schnittigen Quarzporphyr und Granit
		Äußerst feste Kalke, Sandstein, Konglomerate, Gneis, Granite	1600	0,8	Gneis, Granit, äußerst fester Kalkstein, devonischer Kalkstein, Konglomerate mit kieseligem Bindemittel, Glimmerschiefer, Sandstein, Dolomit

Fortsetzung auf Seite 70

Anlage 5 (Fortsetzung)

		Klassifikation der Gesteine nach Lares (Bendel)	Druckfestigkeit kp/cm²	Gesteinsfestigkeitsfaktor *f*	Klassifikation der Gesteine nach Weichelt (Ohnesorge)
Hartgestein	mittelschwer schießbar	Feste dichte Granite, Grauwacken, sehr fester Siderit, Magnesit, Sandsteine, Andesit	1400	0,7	Andesit, Grauwacke, Magnesit, Sandstein, Serpentin, kristalliner Schiefer, Glimmerschiefer, Dolomitkalk
		Dachsteinkalk, Gneis, Porphyrit, Grauwacke, Schwefelkies, kristalliner Kalk, sehr fester Schiefer	1200	0,6	Dachsteinkalk, Gneis, kristalliner Kalkstein, Porphyrit, sehr fester Schiefer; Mittelwert für Muschelkalk (Wellenkalke), Dolomit und Glimmerschiefer; Mittelwert für Findlinge bei Weichgesteinen, Schwefelkies
		Marmor, Kalkstein, Dolomit, Siderit, Magnesit	1000	0,5	Dolomit, Jurakalk, mitteld. Zementkalkstein mit wechselnder Gesteinsfestigkeit, Magnesit, Marmor, Anhydrit, Glimmerschiefer; Mittelwert für Sandstein
Weichgestein	leicht schießbar	Siderit, Kalkstein, Sandstein, Basaltlava, Geschiebemergel	800	0,4	Basaltlava, Kalkstein, Sandstein, Kalkmergel
		Sandschiefer, schieferiger Sandstein, Travertin	600	0,3	Tonschiefer, Dachschiefer, angewitterte Hartgesteine, Konglomerate mit tonig-kalkigem Bindemittel, Travertin, Tuff, Kali, Steinsalze, Beton 1 : 4, Stahlbeton
	sehr leicht schießbar	Fester Tonschiefer, Sandstein, Gips, fester Kies, plastisches Gebirge, Lehm, Mergel, Ton	400	0,2	Gips, Sandstein, toniger Abraum mit Steinen durchsetzt, fester Kies, Nagelfluh, Beton 1 : 6, Klinkermauerwerk, Bruchstein- und Ziegelmauerwerk in Zement gemauert
		Steinkohlen, loser Kies, Sand	200	$\leqq$ 0,1	Beton 1 : 9,1 : 12, Bruchstein, Ziegelmauerwerk; Mittelwert für Torf und Moor

Anlage 6 Klassifikation der Gesteine nach dem Sprengbarkeitskennwert a von BONDARENKO *und* KULICICHIN [9]

1. *Ermittlung des Sprengbarkeitskennwertes a*

$$a = u \cdot \sqrt{s}$$

u ... Bohrlängenaufwand in [m/m³]
(Gesamtbohrlochlänge je [m³] Ausbruch)

s ... Ausbruchquerschnitt in [m²]

a ... Sprengbarkeitskennwert [m⁻¹]

2. *Zahlenwerte*

Gesteinsart	Kennzeichnung	Sprengbarkeit
Quarzit	–	13
Granit	mittlere Körnung	10
Diorit	feinkörnig	
Porphyrit	feinkörnig, kristallin	
Lavabrekzie	porphyritisch	
Granit- und Biotit-Gneis	–	
Sandstein	feinkörnig, quarzreich	
Felsit-porphyr	quarzreich, fluidal	9
Grauwacke	quarzreich, feinkörnig	
Sandstein	quarzreich, dicht	
Kalkstein	fest	
Syenit	klüftig	8
Glimmerschiefer	quarzhaltig	
Kalkstein	massig, brüchig	
Granodiorit	mittlere Körnung, schwach klüftig	
Granitporphyr	–	
Andesit-Porphyrit	leicht klüftig	
Quarzporphyr	geklüftet	
Serizitschiefer	–	
Andesit-Porphyrit	massiv, dicht, mit Quarzadern	6
Sandstein	feinkörnig	

Anlage 7 Einteilung der Gesteine nach der Kontaktfestigkeit [54]

1. *Ermittlung der Kontaktfestigkeit*

Ein Stempel mit ebener Grundfläche F in [mm²] wird in die unbearbeitete natürliche Oberfläche einer Gesteinsprobe von 150 bis 200 [cm³] und 80–100 [mm] Höhe mit einer Höchstbelastung von 2,5 bis 5 t hineingedrückt. Mit der Belastung im Augenblick des Probenbruches P in [kp] und der Zahl n der Versuche erhält man die Kontaktfestigkeit eines Gesteines aus der Beziehung:

$$P_K = \frac{\sum_1^n P}{n \cdot F} \text{ [kp/mm}^2\text{]}$$

2. *Kontaktfestigkeitswerte*

Kontaktfestigkeit Klasse	Kennwert kp/mm²	Gesteinscharakteristik nach der Kontaktfestigkeit	Gesteinsarten	Grenzwerte der Kontaktfestigkeit
I	30	weiche Gesteine	Tongestein	11,4–21,9
II	30–40		Sandstein	8,5–39,4
III	40–50	weniger als		
IV	50–65	mittelfeste Gesteine		
V	65–90	mittelfeste	Tonschiefer	13–167
VI	90–125	Gesteine	Marmor	72–134
			Diabas	93–191
VII	125–175	feste Gesteine	Dolomit	62–243
VIII	175–245		Kalkstein	29–298
			Gabbro	230–259
			Diorit	101–308
IX	245–340	fehr feste	Porphyrit	101–317
X	340–450	Gesteine	Syenit	269–409
			Granodiorit	128–415
			Basalt	301–417
			Skarn	181–494
XI	450–565	besonders feste	Quarzit	167–622
XII	565	Gesteine		

1. *Ermittlung der Aufsprengbarkeit*

Die Aufsprengbarkeit P_{pr} in [dm^3/kg] ist das Verhältnis zwischen kesselförmiger Erweiterung des Laderaumes in [dm^3] und dem Gewicht der Kesselladung M in [kg], d. h.

$$P_{pr} = \frac{V_K}{M} \; [dm^3/kg]$$

2. *Zahlenwerte*

Klasse	Gesteinsarten	Aufsprengbarkeit P_{pr} [dm^3/kg] Mittel	Grenzen
I	Plastische Meerestone	1100	900–1400
	Schwarzer Jura-Ton	500	400–600
	Meerestone	330	220–530
	Gelb-braune fette Tone	250	220–270
	Gelb-schwarze fette Tone	210	170–250
	Weiche, stark rissige Mergel	200	180–280
	Weiche, rissige Mergel	140	100–170
	Fester, dunkelblauer Ton	120	100–150
	Schwerer Lehmboden; sandige Tone	110	70–90
II	Weiche Kreide; Kalkstein-Muschelkalk;	45	35–65
	Mergel mittlerer Festigkeit; mergeliger Dolomit; stark rissiger weicher Kalkstein	20	starke Streuung
III	Kompakter, schwachkörniger Gips; tonige feste Schiefer; stark rissiger Granit; Phosphorite mittlerer Festigkeit; Kalkstein mittlerer Klüftigkeit	7–10	3–15
	Granit mittlerer Klüftigkeit, kompakter eisenhaltiger und kompakter schwefelhaltiger Quarzit, apatitisch-nephelinisches Erz; kompakter Kalkstein; Asbest; Sandstein; Dolomit	4–7	2–10
	Hornstein; Skarn; Marmor; Granitoid; geschichteter Kieselstein; feste Kalksteine; grob- und mittelkörniger Granit; feste Phosphorite; fester Dolomit; marmorartiger grobkörniger Gips	2–4	0,2–5

Anlage 9 Sprengbarkeitsklassifikation nach DAVYDOV [34]

A) Primäre Klassifikation der Gesteine nach der Sprengbarkeit

Klasse	Gesteinstyp	Hauptgesteine	Aufsprengbarkeit P_{pr} [dm³/kg]
I	nichtverfestigte Gesteine	Tone, Lehmboden, Sandboden, Löß, Sand, Torf, Sapropel, Kieselgur und dergleichen	> 70
II	halbverfestigte Gesteine	Kreide, Mergel, Muschelkalk, Braunkohlen, weiche Steinkohle, schwache Schiefer, gefrorener Boden	15–70
III	verfestigte Gesteine	Granite, Gabbro, Gneis, Syenit, Quarzit, Kalkstein, Marmor, Sulfiderze, magmatische Erze	< 15

B) Sekundäre Klassifikation der nicht verfestigten Gesteine nach der Sprengbarkeit

Gruppe	Gestein	Rel. Feuchtigkeit [%]	Spez. Sprengstoffaufwand [kg/m³]
1	zähe fette Ton-Lehmböden	15–22	0,7–0,3
2	sandige Tone; Lehmböden;	23–25	0,9–1,1
	leicht gefrorene Tone und Lehmböden	15–23	1,2–1,4
	Löß und lößartige Böden	15	2,2–3,2
3	Sandböden; feste Tone mit Sand	20	1,2–1,4
	vermischt; stark gefrorene	14–20	1,5–1,8
	Lehmböden mit Kieselsteinen	14	2,5–3,5
4	Sande; Kieselgur	12	1,3–1,5
		5–11	1,4–1,8
		5	2,0–3,0

1. *Ermittlung des Viskositätskoeffizienten*

In einem senkrecht niedergebrachten Bohrloch von 70 cm Tiefe und 36 mm Durchmesser wird eine 100-Gramm-Sprengstoffladung aus Ammonit Nr. 6, die mit nichtfestgestampftem Besatz aus Sand und 50 cm Länge verdämmt ist, zur Umsetzung gebracht. Der Viskositätskoeffizient μ wird aus dem Verhältnis des bei der Sprengung entstehenden Kratervolumens zum Volumen der Sprengladung unter Verwendung folgender Formel bestimmt:

$$\mu = 0{,}1 \sqrt[3]{\frac{V_1}{V_0}}$$

Hierbei ist: μ ... Viskositätskoeffizient

V_1 .. Volumen des entstehenden Kraters in Litern

V_0 .. Volumen der Sprengladung in Litern ($\sim$ 0,1)

2. *Zahlen- und Vergleichswerte einiger Gesteinsarten*

Gesteinsart	Viskositäts-koeffizient μ	Festigkeits-koeffizient f	Spezifisches Gewicht ϱ (g/cm³)
Mikroquarzit	0,08	35	3,4
Quarzit ohne Sulfide	0,09	25	3,3
Basalt	0,10	20	3,2
Diabas	0,11	17	3,1
Porphyr	0,12	13	3,0
Kieselsandstein	0,13	11	2,9
Granit	0,16	9	2,8
Dolomit	0,18	8	2,7
Sandstein	0,20	6	2,6
Sandiger Mergel	0,25	5	2,5
Kalkstein	0,25	4	2,4
Mergel (weich)	0,28	3	2,3
Kreide	0,30	2	2,2
Harte Kohle	0,11	1,5	1,6
Gefrorener dichter Mergel	0,4	3	2,0

Anlage 11 *Veränderung der Bruchzonen bei Gesteinen in Abhängigkeit von der Rissigkeit nach* MOSINEC [99]

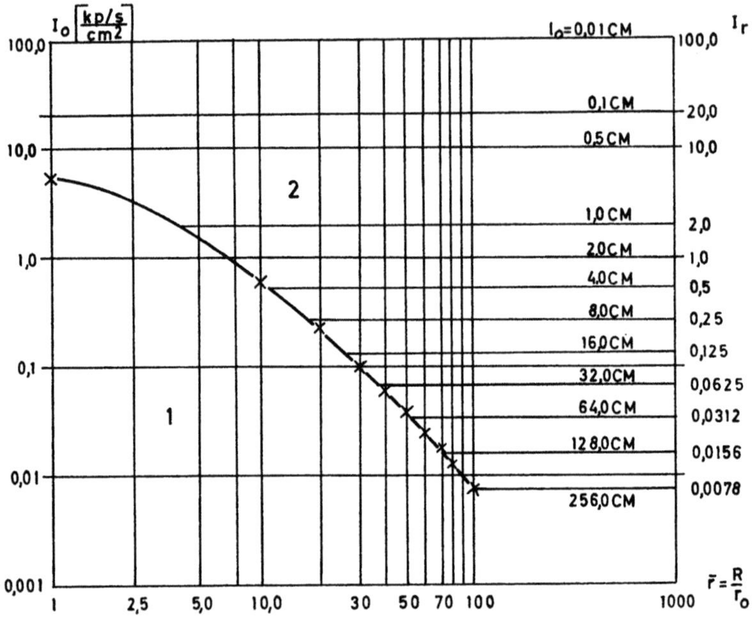

I_o ...	Spannungsimpuls durch die direkte Welle [kp s^{-1} cm^{-2}]
I_r ...	Für die Einleitung des Bruches eines Mediums notwendiger Spannungsimpuls bei der Rißlänge l_o [kp s^{-1} cm^{-2}]
l_o ...	Länge der natürlichen (»Griffith«-)Risse im Medium vor der Belastung [cm]
$\bar{r} = R/r_o$ ...	relative Entfernung [dimensionslos]
Zone 1 ...	Bereich der Zerstörung des Mediums unter Einwirkung der direkten Welle
Zone 2 ...	Möglicher Bereich der Zerstörung des Mediums unter Einwirkung der reflektierten Welle

A. Ableitung der Formel

Nach den Gesetzen der Wärmelehre ist die einem Stoff zugeführte Wärmemenge Q immer der Masse m und der Temperaturerhöhung $T_2 - T_1 = \Delta T$ proportional:

$$Q = c\,m(T_2 - T_1) = c\,m\,\Delta T \tag{1a}$$

Dabei ist der Proportionalitätsfaktor c die spezifische Wärme des Stoffes in kcal/(kg grd) und bedeutet die Wärmemenge, die 1 kg des Stoffes um 1 grd erwärmt.

Für Gase schreibt sich die Beziehung (1a) in der Form

$$Q = C_V\, m\, \Delta T \tag{1b}$$

wobei C_V die Molwärme bei konstantem Volumen – die Wärmemenge, die zur Erwärmung eines Mols eines Stoffes um 1 grd benötigt wird – in cal/(mol grd) und m die Masse in mol ist.
Bei Gasen ist die zur Temperaturerhöhung um 1 grd erforderliche Wärmemenge sehr verschieden, je nachdem, ob das Gas bei konstantem Druck oder bei konstantem Volumen erwärmt wird, so daß zwischen Molwärme bei konstantem Druck C_P und bei konstantem Volumen C_V unterschieden wird. Das Verhältnis der Molwärmen C_P/C_V wird mit $\varkappa$ bezeichnet, dessen zahlenmäßiger Wert das Verhalten eines Gases bei adiabatischen Zustandsänderungen bestimmt.
Der physikalische Zustand einer gegebenen Gasmenge ist für ideale Gase durch das allgemeine Gasgesetz in der Form

$$PV = mRT \tag{2a}$$

bestimmt, wobei P der Druck, V das Volumen und T die absolute Temperatur des Gases ist. Wird die Masse m einer beliebigen Gasmenge, die den Raum V einnimmt, als Vielfaches des Mols dieses Gases angenommen, dann ist R die allgemeine Gaskonstante in cal/grd.
Für ein ideales Gas kann die Differenz der Molwärmen $C_P - C_V$, die gleich der äußeren Arbeitsleistung $P\,\Delta V$ bei Ausdehnung des Gases um ΔV bei konstantem Druck ist, aus der Zustandsgleichung (2a) für 1 Mol berechnet werden. Aus

$$C_P - C_V = P\,\Delta V \tag{3}$$

und

$$PV = R\,\Delta T \tag{2b}$$

ergibt sich als Arbeitsleistung bei einer Temperaturerhöhung um 1 grd, d. h. $\Delta T = 1$

$$P\,\Delta V = R \quad \text{oder} \quad C_P - C_V = R \tag{4}$$

Der Sprengkessel mit dem Volumen V enthält vor der Sprengung N Mole Gas. Bei der Umsetzung des Sprengstoffes entstehen zusätzlich n Mole gasförmiger Reaktionsprodukte, so daß sich damit und in Verbindung mit Gl. (2a) die Temperaturen vor und nach der Sprengung – T_1 und T_2 – ergeben zu

$$T_1 = \frac{V}{NR} P_1 \quad \text{und} \quad T_2 = \frac{V}{(N+n)\,R} P_2$$

Aus diesen beiden Beziehungen erhält man durch Umformen

$$\Delta T = T_2 - T_1 = \frac{V}{(N+n)R} P_2 - \frac{V}{NR} P_1 \frac{N+n}{N+n}$$

$$= \frac{V}{(N+n)R} P_2 - \frac{V}{(N+n)R} P_1 \left(1 + \frac{n}{N}\right) \tag{5}$$

$$= \frac{V}{(N+n)R} \left[P_2 - P_1 \left(1 + \frac{n}{N}\right)\right]$$

und aus Gl. (1b) durch Einsetzen der Molzahl

$$Q = C_V (N+n) \Delta T \tag{6}$$

Die Masse der bei der Sprengung entstehenden gasförmigen Reaktionsprodukte n ist in der Regel – bei den Größenverhältnissen der hier durchgeführten Experimente mit Sicherheit – gegenüber der Masse der Kesselfüllung N so klein, daß $\frac{n}{N}$ in Gl. (5) vernachlässigt werden kann. Somit erhält man durch Einsetzen von (5) in (6)

$$Q = C_V (N+n) \frac{V}{(N+n)R} (P_2 - P_1)$$

oder

$$Q = \frac{C_V}{R} V (P_2 - P_1) \tag{7}$$

Mit $\varkappa = \frac{C_P}{C_V}$ und $R = C_P - C_V$ wird

$$\frac{C_V}{R} = \frac{C_V}{C_P - C_V} = \frac{1}{\frac{C_P - C_V}{C_V}} = \frac{1}{\varkappa - 1}$$

und mit Gl. (7)

$$Q = \frac{1}{\varkappa - 1} V (P_2 - P_1) \tag{8}$$

Aus dieser Beziehung kann die bei der Umsetzung in einem Kessel mit dem Volumen V und dem Verhältnis der Molwärmen C_P/C_V oder der spezifischen Wärmen c_p/c_v der Gasfüllung des Kessels zugeführte Wärmemenge berechnet werden, wenn die entstehende Druckerhöhung $P_2 - P_1 = \Delta P$ ermittelt wurde.

B. Überprüfung der Maßeinheiten

$$Q = \frac{1}{\varkappa - 1} V \Delta P$$

Das Volumen V wird gemessen in m^3, der Druckanstieg ΔP in kp/cm^2 und $\varkappa$ ist als Verhältniszahl dimensionslos. Somit erhält man aus

$$Q = \frac{1}{\varkappa - 1} [-] \, V \, [m^3] \, \Delta P \left[\frac{kp}{cm^2}\right] 10^4 \left[\frac{cm^2}{m^2}\right]$$

$$Q = \frac{10^4}{\varkappa - 1} V \Delta P \left[\frac{m^3 \cdot kp \cdot cm^2}{cm^2 \cdot m^2}\right]$$

die Wärmemenge Q in kpm. Nach dem mechanischen Wärmeäquivalent ist

$$1 \text{ kcal} = 427 \text{ kpm}$$

und durch entsprechende Umrechnung erhält man mit $\varkappa = 1{,}4$ für Luft und Stickstoff die Wärmemenge Q in cal aus

$$Q = 5{,}855 \cdot 10^4 V \Delta p$$

wenn V in m^3 und Δp in kp/cm^2 eingesetzt wird. Da das Kesselvolumen 20,9 m^3 beträgt, erhält man schließlich:

$$Q = 1{,}224 \cdot 10^6 \Delta p$$

Anlage 13 Ableitung einer Näherungsformel für die Berechnung des Druckabfalles bei der Energiemessung

Aus Untersuchungen des Druckabfalles bei Sprengstoffumsetzungen in verschlossenen Behältern folgerte Roth [126], daß die relative Abnahme des Überdruckes $\frac{d(\Delta P)}{\Delta P}$ je Zeitdifferential dt dem jeweiligen Überdruck ΔP proportional ist. Die eigenen Untersuchungen ergaben, daß dieses »Abklinggesetz« in gewissen Grenzen eine brauchbare Näherung des tatsächlichen Druck–Zeit-Verlaufes darstellt. Es ist

$$\frac{d(\Delta P)}{\Delta P} = - m \Delta P \, dt$$

oder

$$\frac{d(\Delta P)}{dt} = - m (\Delta P)^2$$

mit dem Integral

$$\frac{1}{\Delta P} = m t + C$$

wobei m die Proportionalitätskonstante ist.

Im Zeitpunkt Null, d. h. im Augenblick der Energiefreigabe durch die Detonation, ist für

$$t = O \rightarrow \frac{1}{\Delta P_0} = C$$

und für beliebige Zeiten später

$$t = t_1 \rightarrow \frac{1}{\Delta P_1} = m t_1 + C = m t_1 + \frac{1}{\Delta P_0}$$

bzw.

$$t = t_2 \rightarrow \frac{1}{\Delta P_2} = m t_1 + C = m t_2 + \frac{1}{\Delta P_0}$$

Die expliziten Ausdrücke des Proportionalitätsfaktoren m aus den beiden Beziehungen ergeben:

$$m = \frac{1}{\Delta P_1 t_1} - \frac{1}{\Delta P_o t_1} = \frac{1}{\Delta P_2 t_2} - \frac{1}{\Delta P_o t_2}$$

Daraus folgt weiter durch Umformungen:

$$\frac{1}{\Delta P_o t_2} - \frac{1}{\Delta P_o t_1} = \frac{1}{\Delta P_2 t_2} - \frac{1}{\Delta P_1 t_1}$$

$$\frac{1}{\Delta P_o}\left(\frac{1}{t_2} - \frac{1}{t_1}\right) = \frac{1}{\Delta P_2 t_2} - \frac{1}{\Delta P_1 t_1}$$

$$\Delta P_o\left(\frac{1}{\Delta P_2 t_2} - \frac{1}{\Delta P_1 t_1}\right) = \frac{1}{t_2} - \frac{1}{t_1}$$

$$\Delta P_o = \frac{\frac{1}{t_2} - \frac{1}{t_1}}{\frac{1}{\Delta P_2 t_2} - \frac{1}{\Delta P_1 t_1}}$$

$$\Delta P_o = \frac{(t_1 - t_2)\,\Delta P_1 \Delta P_2 t_1 t_2}{t_2 t_1 (\Delta P_1 t_1 - \Delta P_2 t_2)}$$

$$\Delta P_o = \frac{(t_1 - t_2)\,\Delta P_1 \Delta P_2}{\Delta P_1 t_1 - \Delta P_2 t_2}$$

Somit läßt sich die Druckerhöhung ΔP_o im Zeitpunkt Null – der Detonation – bestimmen, wenn die Druckdifferenzen ΔP_1 und ΔP_2 zu den Zeiten t_1 und t_2 gemessen werden. Der Vergleich der rechnerischen Kurve mit dem gemessenen Druck-Zeit-Verlauf führt unter den gegebenen Versuchsbedingungen zu folgenden Einschränkungen:

Die tatsächliche Abklingkurve des Druckes in der Zeit wird unter den Voraussetzungen, daß

$$1 \leqq (t_1, t_2) \leqq 5 \text{ Sekunden} \quad \text{und}$$

$$1 \leqq (t_1 - t_2) \leqq 3 \text{ Sekunden} \quad \text{ist}$$

durch die oben abgeleitete Beziehung am besten angenähert.

Abbildung von Probekörpern

Durchmesser mm	Länge mm	Volumen cm^3	Oberfläche cm^2	Ladebohrloch	
30	102,5	23	189	Durchmesser	25 mm
40	107,5	86	238	Länge	100 mm
50	112,5	172	295	Volumen	49 cm^3
60	117,5	283	357	Oberfläche	88 cm^2
75	125,0	503	461		
100	137,5	1 031	667		
115	145,0	1 457	810		
150	162,5	2 822	1 198		
185	180,0	4 789	1 662		
208	191,5	6 558	2 009		

Abmessungen der Einschlußkörper

Gesteinsart	Basalt	Kalkstein	Grauwacke	Granit 1
Mineralogische Bezeichnung	Olivin-Basalt	Kalkstein	Grauwacke	Hornblende-Granit
Herkunft	Hoffeld (Eifel)	Wülfrath	Kleinhammer	Rossbach (Bayern)
Mineralbestand	Klinopyroxen Plagioklas Olivin Magnetit Karbonat Serpentin	Kalzit Eisen-Dolomit Limonit (Pyrit?)	Quarz Albit Serizit (Muskovit) Karbonat Zirkon, Rutil Chlorit Turmalin	Orthoklas Plagioklas Quarz, Biotit Hornblende Apatit, Zirkon Orthit, Erz Chlorit, Serizit Karbonat
Gefüge	Fein- und gleichkörnige Grundmasse aus etwa gleichen Anteilen tafeliger Plagioklase und stengeliger Klinopyroxene	Ungleichkörniges, intensiv verzahntes und im Kleinbereich ungeregeltes Gefüge von xenomorphen Kalziten. Gemenge mit Fe–Dolomit in Form grober Einzelkörner oder schlieriger Kornaggregate	Fein- und gleichkörniges, richtungslos erscheinendes Gefüge aus Quarzen mit zwickelfüllender Matrix von feinschuppigen Seriziten und etwas Karbonat	Ungeordnetes, ungleichkörniges und sperriges Gefüge aus Quarzen, groben Feldspattafeln mit gegenseitiger Verzahnung und Verzapfung an den Korngrenzen
Korngrößen der Gemengteile in [mm]	Plagioklas und Klinopyroxen: ~ 0,06 Magnetite: ~ 0,03	Kalzite: 0,01–2 Dolomite: ~ 0,3	Quarze und Feldspate: ~ 0,05	Feldspäte: 0,2–4 Quarze: 0,05–0,8 Biotite: ~ 0,5 Hornblenden: bis 0,2
Erhaltungszustand	gut	ausgezeichnet	ausgezeichnet	noch gut
Festigkeitsmindernde Gemengteile und Eigenschaften	etwas Karbonat	keine	feinschuppiger Serizit Karbonat	grobe Feldspattafeln, viel Biotit, Chlorit, Serizit

Gesteinsart	Granit 2	Sandstein	Tuff	Mergel
Mineralogische Bezeichnung	Hornblende-Granit	Arkose-Sandstein	Weiberner Tuff	Tuffkreide
Herkunft	Seußen (Bayern)	Ebelsbach (Main)	Weibern	Valkenburg (Niederlande)
Mineralbestand	Plagioklas Orthoklas Quarz, Biotit Hornblende Apatit, Zirkon Chlorit, Karbonat Titanit, Erz	Quarz Plagioklas Serizit Muskovit Biotit Zirkon Orthoklas	Serizit Quarz Plagioklas Biotit Hornblende Olivin	Kalzit Quarz
Gefüge	Grobkörnige Matrix aus verschränkt angeordneten Plagioklasen, Biotiten und Hornblenden. In den Zwickeln dieser Grundmasse Quarz und Orthoklas	Fein- und gleichkörniges Gemenge aus etwa entsprechenden Anteilen von Quarz und Feldspat. Schlecht ausgebildete Schichtigkeit	Feinstkörnige stark serizitische und limonitisierte Grundmasse mit groben und zumeist eckigen Einschlüssen von Einzelmineralien und Gesteinsbruchstücken	Schwach verkittetes lockeres Aggregat aus fein- und gleichkörnigem Kalzit mit vereinzelten Quarzkörnern
Korngrößen der Gemengteile in [mm]	Feldspäte: 0,2–2 Quarz: ~ 1 Biotite: $\sim 0,5$ Hornblenden: bis 0,3	Quarze und Feldspäte bei 0,15	Matrixbestandteile: $\leqq 0,01$ Einlagerungen: $\leqq 2$	Kalzite: $\sim 0,1$
Erhaltungszustand	mittelmäßig	mittelmäßig	mittelmäßig	gut
Festigkeitsmindernde Gemengteile und Eigenschaften	Serizit, Karbonat, Chlorit, zerbrochene Quarze (undulos auslöschend)	Serizit (zersetzte Feldspäte)	serizitisches und limonitisches Bindemittel	fehlender Kornzement, gute Spaltbarkeit des Kalzits

Anlage 15b Physikalisch-technische Eigenschaften der untersuchten Gesteine und des verwendeten Sprengstoffes

a) Physikalisch-mechanische Kenngrößen	Formelzeichen	Gestein Herkunft / Einheit	Basalt Hoffeld	Kalkstein Wülfrath	Grauwacke Werdohl	Granit 1 Rossbach	Granit 2 Seußen	Sandstein Ebelsbach	Tuff Weibern	Mergel Vaals/Nld.
Rohdichte	ϱ	g/cm³	3,00	2,68	2,70	2,77	2,73	2,21	1,35	1,24
Elastizitätsmodul	E_D	kp/cm²	1 050 500	784 000	785 000	758 000	622 000	132 200	63 000	37 400
Dehnwellengeschwindigkeit	c_D	m/s	5 920	5 400	5 400	5 230	4 770	2 450	2 150	1 740
Querkontraktionszahl	μ	–	0,30	0,27	0,12	0,25	0,22	0,22	0,14	(0,18)
Schubmodul	G_T	kp/cm²	404 000	308 700	350 400	303 100	254 800	54 200	27 500	15 850
Schallgeschwindigkeit	c_L	m/s	6 860	6 050	5 480	5 730	5 100	2 610	2 210	1 810
Schallimpedanz	$c_D \varrho$	$10^5 \frac{\text{dyn/cm}^2}{\text{cm/s}}$	17,8	14,5	14,6	14,5	13,0	5,4	2,9	2,2
	$c_L \varrho$	$= 10^5$ Rayleigh	20,6	16,2	14,8	15,9	14,9	5,8	3,0	2,2

b) Sprengstoffimpedanz: $v_D \varrho_{Sp} = 13{,}6 \cdot 10^5 \left[\frac{\text{dyn/cm}^2}{\text{cm/s}}\right]$

Detonationsgeschwindigkeit: $v_D = 8000$ [m/s]; Dichte: $\varrho_{Sp} = 1{,}7$ [g/cm³]

		Basalt	Kalkstein	Grauwacke	Granit 1	Granit 2	Sandstein	Tuff	Mergel
c) Impedanzverhältnisse:	$\frac{v_D \varrho_{Sp}}{c_L \varrho_G}$ [–]	0,66	0,84	0,92	0,86	0,91	2,35	4,56	6,07

I. Messung der Gesamtenergie des verwendeten Sprengstoffes

Verwendeter Sprengstoff:	Pentaerythrittetranitrat (PETN) mit 10% Wachs – NP 10 – in Form zylindrischer Preßkörper von je 18,2 g sowie 25 mm Höhe und Durchmesser
Einheitsladung:	Für jede Versuchssprengung wurden 4 NP-10-Körper mit 72,8 g plus 0,25 g PETN der Sprengkapsel = 73,05 g Sprengstoff verwendet.

Meßergebnis bei Verwendung nicht eingeschlossener Ladungen:

Gemessene Druckerhöhung:

$59{,}8 \pm 1{,}9$ Skalenteile

Eichfaktor je Skalenteil:

$0{,}001118\ \mathrm{kp/cm^2}$

Gesamtenergie einer 73,05-Gramm-Ladung:

$$\begin{aligned} Q_{ges} &= 1{,}224 \cdot 10^6 \cdot 0{,}001118 \cdot 59{,}8\ \mathrm{cal} \\ &= 81\,830\ \mathrm{cal} \end{aligned}$$

Gesamtenergie des Sprengstoffes:

$1\,120 \pm 26\ \mathrm{cal/g}$

II. Freiwerdende Energie eingeschlossener Ladungen und Energieaufwand zum Sprengen des Einschlusses

Durchmesser der Probe mm	Wandstärke des Einschlusses mm	Gewicht der Probe g	Freiwerdende Energie kcal	Energieaufwand kcal
1. Einschlußmaterial: Basalt				
185	80,0	14 300	39,7	42,1
100	37,5	3 070	44,3	37,6
75	25,0	1 500	48,7	33,1
60	17,5	845	53,2	28,6
50	12,5	510	58,5	23,3
40	7,5	260	65,5	16,3
30	2,5	70	74,9	6,9
2. Einschlußmaterial: Grauwacke				
150	62,5	7 500	43,0	38,8
100	37,5	2 750	46,6	35,3
75	25,0	1 345	51,1	30,8
60	17,5	755	56,1	25,7
50	12,5	460	61,0	20,8
40	7,5	230	67,3	14,5
30	2,5	62	76,1	5,7
3. Einschlußmaterial: Kalkstein				
100	37,5	2 760	46,2	35,6
75	25,0	1 350	50,7	31,1
60	17,5	760	55,8	26,0
50	12,5	460	60,6	21,2
40	7,5	230	67,0	14,8
30	2,5	63	75,9	5,9
4. Einschlußmaterial: Granit 1				
100	37,5	2 850	47,5	34,4
75	25,0	1 390	51,7	30,1
60	17,5	785	56,7	25,1
50	12,5	475	61,5	20,4
40	7,5	238	67,7	14,2
30	2,5	65	76,4	5,5
5. Einschlußmaterial: Granit 2				
208	92,0	17 900	41,4	40,4
115	45,0	3 980	45,6	36,3
100	37,5	2 815	48,2	33,6
75	25,0	1 375	52,8	29,1
6. Einschlußmaterial: Sandstein				
100	37,5	2 180	52,2	29,6
75	25,0	1 070	56,1	25,8
7. Einschlußmaterial: Tuff				
100	37,5	1 390	53,2	28,6
75	25,0	680	56,9	25,0
8. Einschlußmaterial: Mergel				
100	37,5	1 278	57,4	24,5
75	25,0	624	61,0	20,9

Anlage 17 Körnungsverteilungen der durch Sprengen zerlegten Gesteinsproben von 37,5 mm Wandstärke

Korngröße mm ∅	Durchgang Gew.-%	Korngröße mm ∅	Durchgang Gew.-%	Korngröße mm ∅	Durchgang Gew.-%	Korngröße mm ∅	Durchgang Gew.-%
Basalt		Kalkstein		Grauwacke		Granit 1	
8	100	8	100	8	100	8	100
5	99,4	5	99,7	5	99,9	5	100
2	86,2	2	93,3	2	95,9	2	98,5
0,63	51,1	0,63	80,9	0,63	83,8	0,63	93,8
0,20	31,7	0,20	65,6	0,20	68,6	0,20	67,1
0,09	23,0	0,09	54,6	0,09	60,1	0,09	38,1
0,063	20,1	0,063	46,8	0,063	39,5	0,063	32,2
0,062	17,9	0,062	43,9	0,062	36,4	0,065	29,9
0,044	17,2	0,046	39,5	0,047	34,1	0,055	26,9
0,032	14,8	0,033	35,1	0,034	30,2	0,035	24,5
0,027	13,1	0,028	31,6	0,029	26,4	0,030	22,6
0,022	10,9	0,022	28,9	0,023	23,3	0,024	16,8
0,014	6,6	0,014	20,2	0,014	15,5	0,015	15,4
0,010	4,0	0,010	13,2	0,010	11,0	0,010	12,0
0,0069	2,5	0,0073	8,8	0,0073	8,7	0,0075	8,0
0,0049	1,4	0,0055	2,9	0,0052	5,7	0,0055	6,6
0,0035	0,7	0,0038	0,0	0,0038	4,2	0,0039	3,1
0,0028	0,5			0,0031	3,0	0,0032	2,2
0,0024	0,4			0,0016	0,1	0,0016	0,0
Granit 2		Sandstein		Tuff		Mergel	
8	100	8	100	8	100	8	100
5	100	5	99,9	5	99,9	5	100
2	99,8	2	99,5	2	98,0	2	99,9
0,63	90,2	0,63	98,1	0,63	94,3	0,63	98,6
0,20	66,6	0,20	86,2	0,20	76,8	0,20	91,7
0,09	45,5	0,09	60,3	0,09	63,7	0,09	71,0
0,063	37,5	0,063	46,9	0,063	57,9	0,063	62,3
0,062	34,5	0,063	41,4	0,062	61,7	0,063	57,4
0,044	33,2	0,047	39,6	0,048	53,7	0,046	55,2
0,032	30,8	0,034	37,1	0,034	48,3	0,034	50,3
0,027	28,5	0,028	34,5	0,029	44,3	0,029	44,1
0,022	24,8	0,022	31,0	0,023	36,2	0,022	41,9
0,012	16,5	0,014	22,4	0,014	29,5	0,014	33,0
0,010	11,0	0,010	18,1	0,010	22,8	0,010	27,0
0,0073	7,2	0,0073	12,9	0,0073	18,8	0,0071	21,9
0,0049	4,3	0,0053	11,3	0,0054	10,7	0,0052	16,6
0,0038	2,7	0,0038	7,9	0,0038	8,3	0,0038	10,5
0,0030	2,3	0,0031	6,0	0,0030	5,8	0,0026	5,8
0,0026	1,9	0,0027	5,7	0,0015	0,	0,0016	1,3
0,0015	0,9	0,00092	0,9				

Korndurchmesser $d \geqq 0{,}063$ mm: Siebanalyse

Korndurchmesser $d \leqq 0{,}063$ mm: Schlämmanalyse

Anlage 18 Spezifische Oberflächenenergie einiger gesteinsbildender Mineralien [22, 53, 56, 110]

Mineral	Spalt-fläche	Spezifische Oberflächen-energie [erg/cm²] berechnet	gemessen	Literatur
Kalzit	1011	190	230	Gilman
Aragonit (Schaumkalk)	010	275		Brace
Halit (Steinsalz)	100	310	330	Gilman
Sphalerit (Zinkblende)	110	360		Brace
Olivin	010	370		Brace
Muskovit	001	–	375	Orowan
Orthoklas	001	200–400?		Brace
Schwerspat	001	500		Brace
Flußspat	111	540	450	Gilman
Glas	–	–	540	Griffith
Bleiglanz	100	625		Gilman
Quarz	1011	500–800?		Brace
Hämatit (Eisenglanz)	0001	980		Brace
Periklas	100	1300	1200	Gilman
Rutil	110	1330		Brace
Pyrit	001	1550		Brace
Spinell	111	1780		Brace

b) Abbildungen

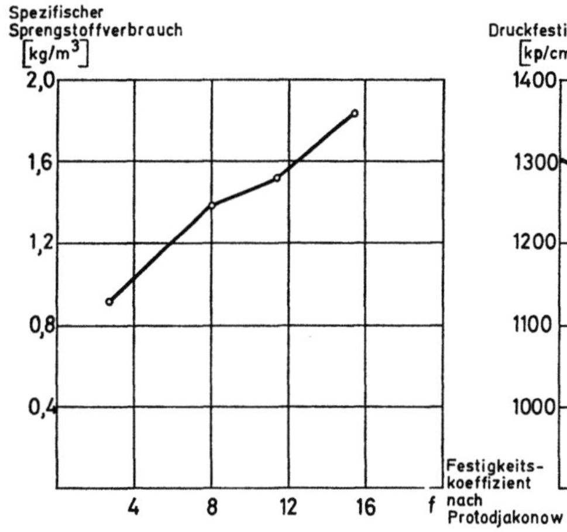

Abb. 1 Zusammenhang zwischen Festigkeitskoeffizient und Sprengstoffverbrauch [169]

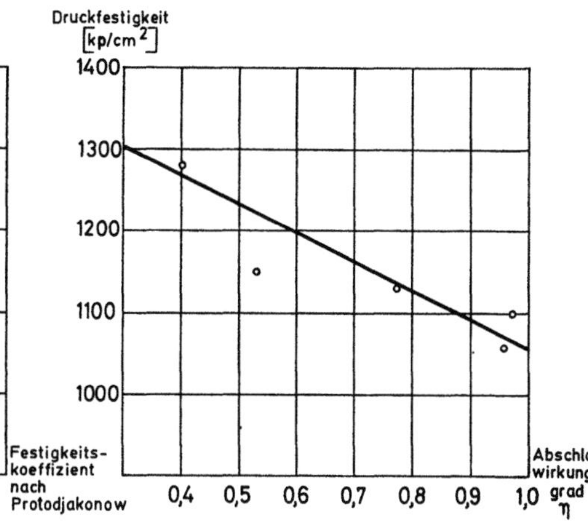

Abb. 2 Abhängigkeit des Abschlagswirkungsgrades von der Druckfestigkeit [169]

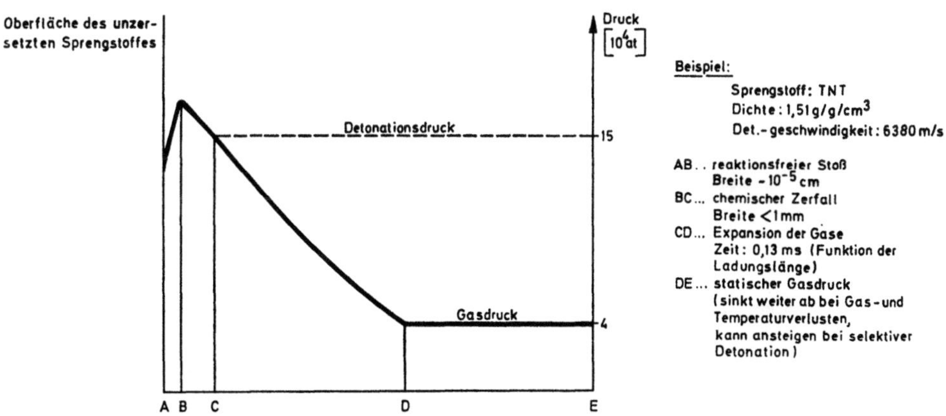

Abb. 3 Druckänderung längs einer detonierenden Ladung nach BROWN [25]

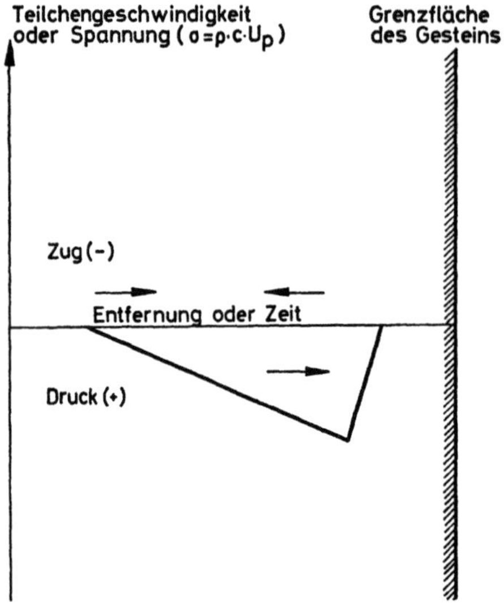

Abb. 4 Form einer Spannungswelle

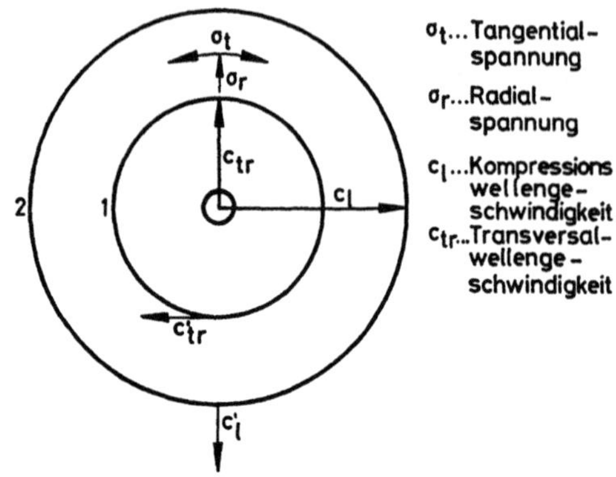

Abb. 5 Spannungs- und Schwingungszustand um eine zylindrische Ladung

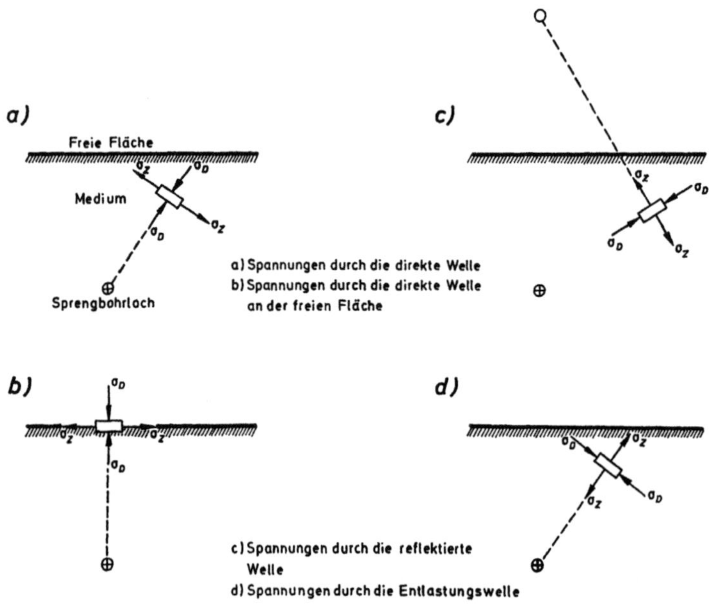

Abb. 6 Art und Verteilung der bei Sprengeinwirkung in einer Vorgabe entstehenden Hauptspannungen [99]

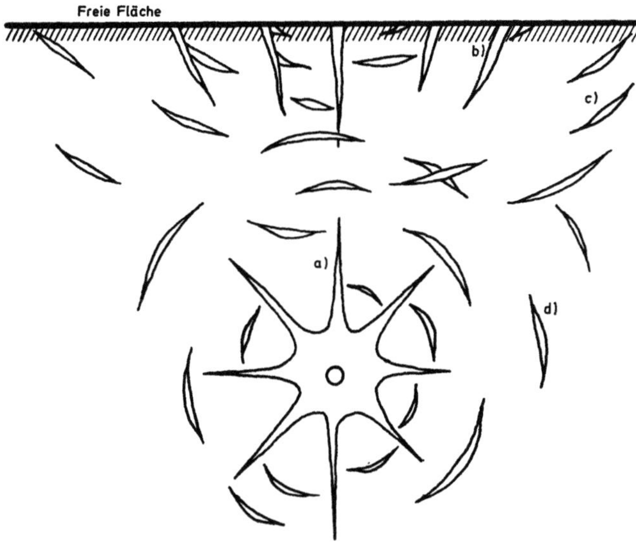

Abb. 7 Art und Verteilung der unter Sprengeinwirkung in einer Vorgabe entstehenden Hauptrißsysteme [99]

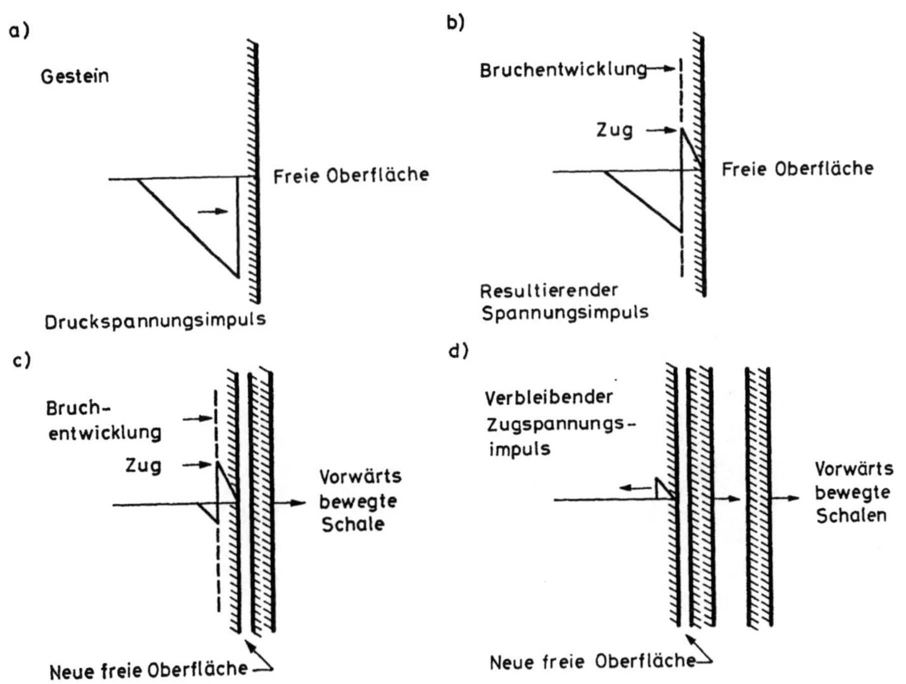

Abb. 8 Schalenbildung bei Stoßwellenreflektion

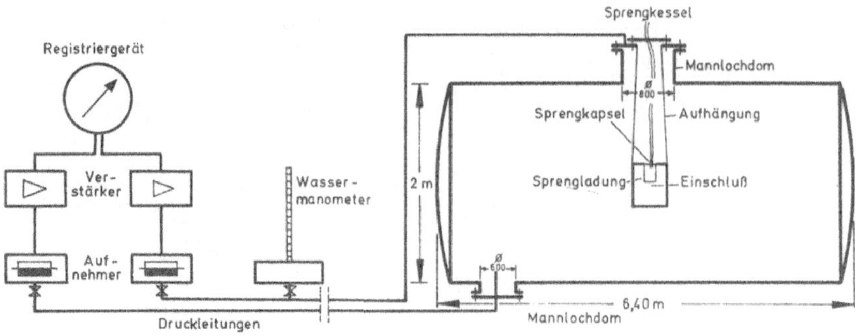

Abb. 9a Schematische Darstellung der Energiemeßanlage

Abb. 9b Meßanlage

Abb. 9c Versuchsanlage

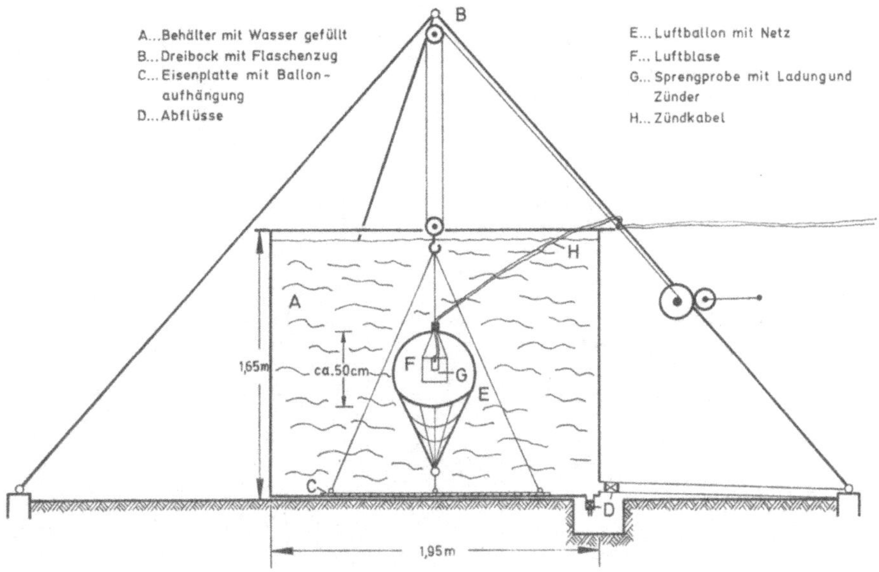

Abb. 10 Schematische Darstellung der Sprengzerlegungsanlage

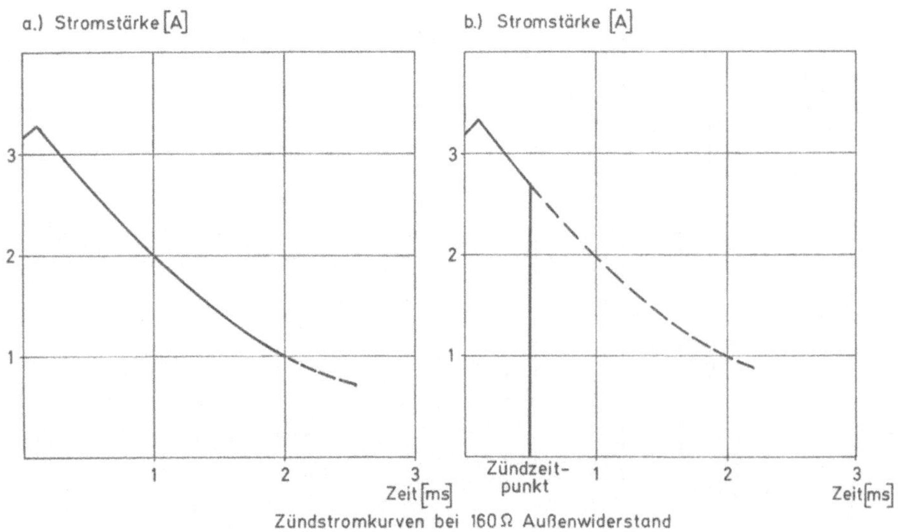

Abb. 11 Verlauf der Zündstromkurve

a) ohne Zünder im Zündkreis

b) mit einem Zünder im Zündkreis

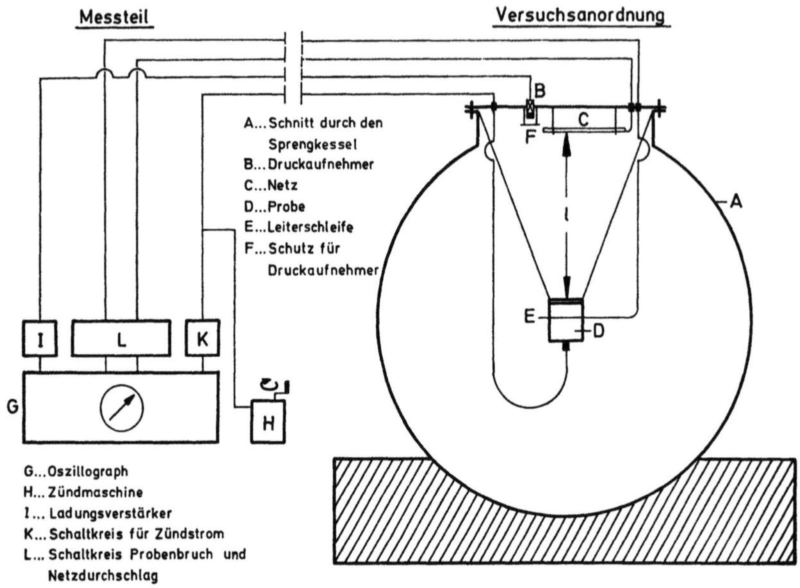

Abb. 12 Schematische Darstellung der Meß- und Versuchsanordnung zur Ermittlung der Druckwellen-, Bruch- und Splittergeschwindigkeit

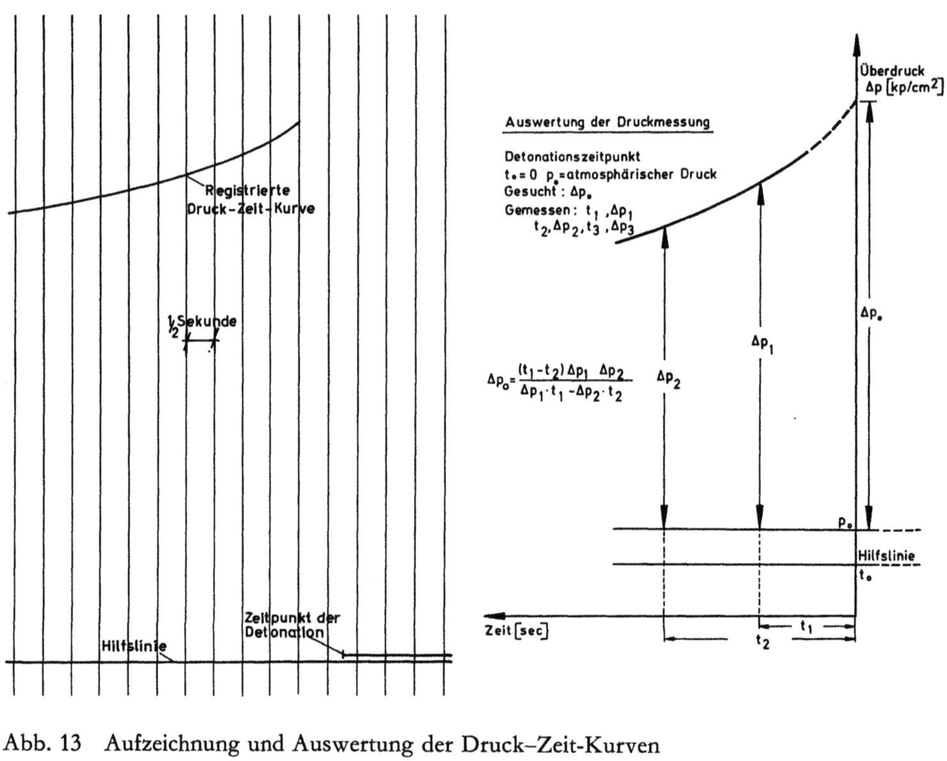

Abb. 13 Aufzeichnung und Auswertung der Druck–Zeit-Kurven

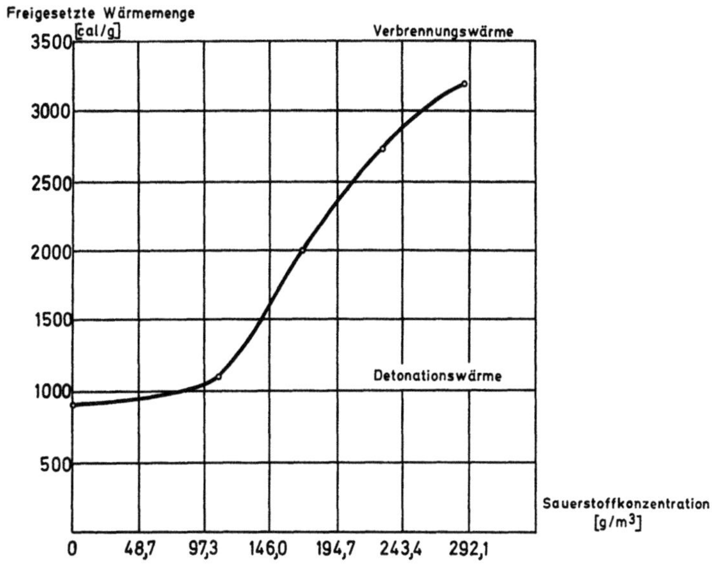

Abb. 14 Freiwerdende Wärmemenge von TNT in Abhängigkeit von der Sauerstoffkonzentration der Kesselfüllung [44]

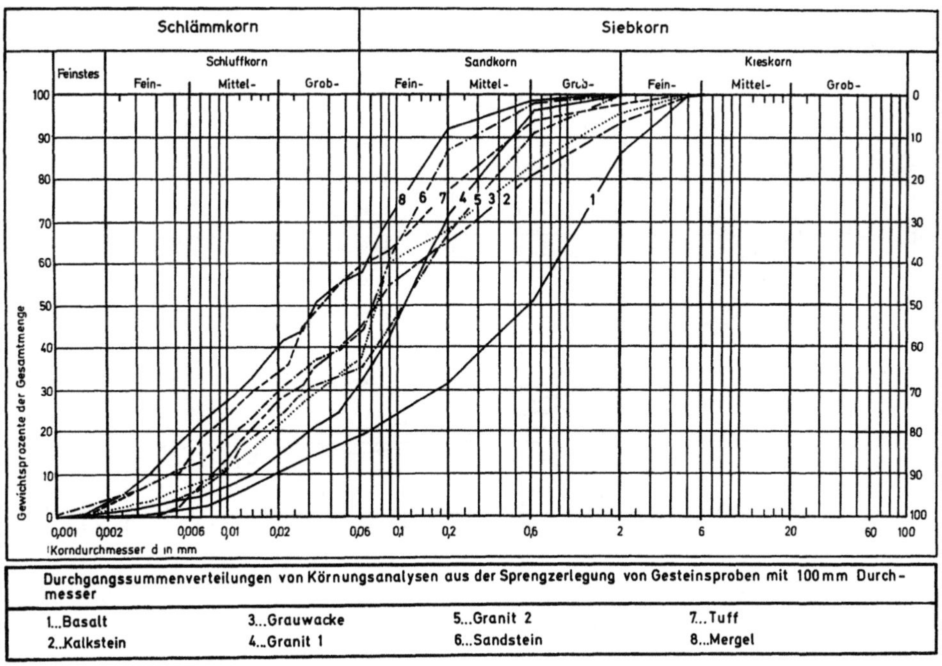

Abb. 15 Korngrößenverteilungen der im Rahmen der Sprengzerlegungsversuche untersuchten Gesteine

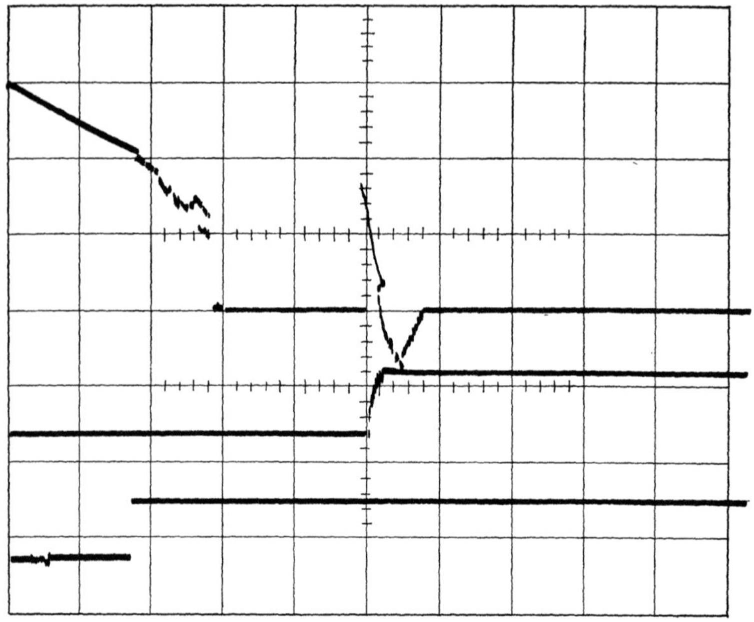

Abb. 16 Aufnahme von Zeitdaten beim Sprengen der Proben

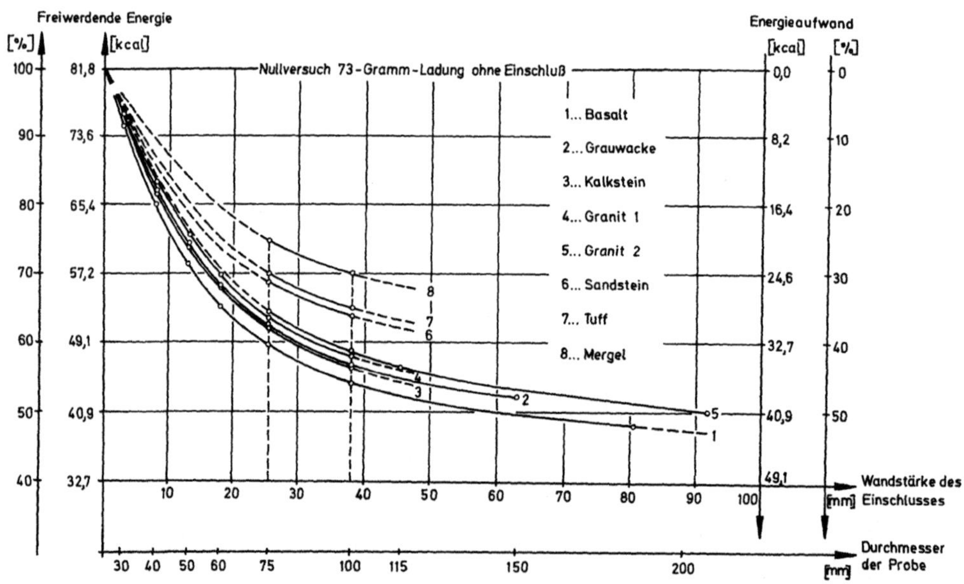

Abb. 17 Abhängigkeit des Energieaufwandes von der Art und Stärke des Einschlusses

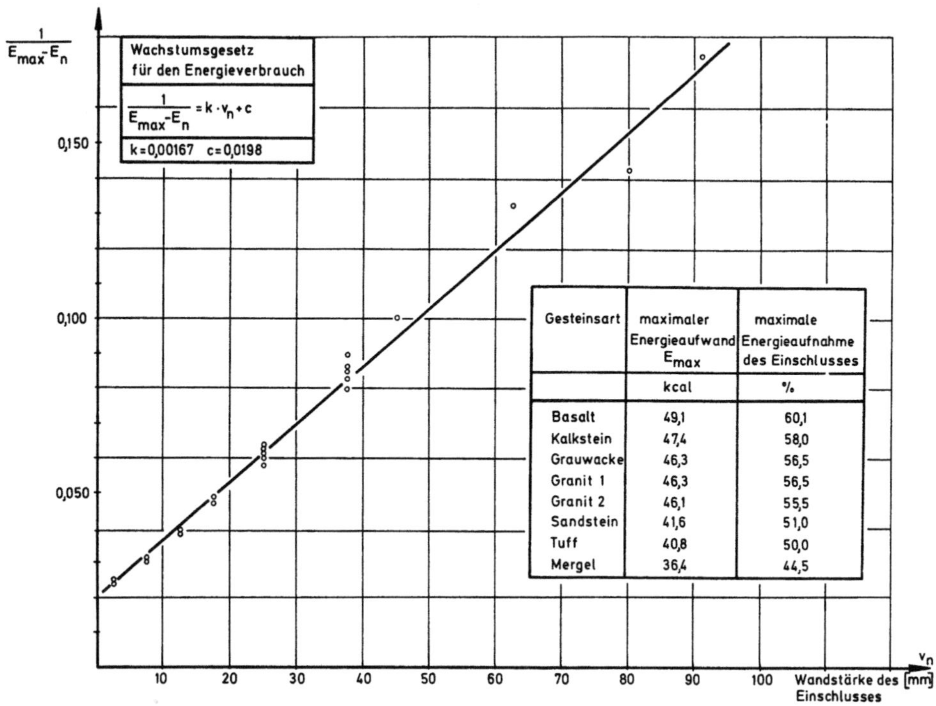

Gesteinsart	maximaler Energieaufwand E_{max}	maximale Energieaufnahme des Einschlusses
	kcal	%
Basalt	49,1	60,1
Kalkstein	47,4	58,0
Grauwacke	46,3	56,5
Granit 1	46,3	56,5
Granit 2	46,1	55,5
Sandstein	41,6	51,0
Tuff	40,8	50,0
Mergel	36,4	44,5

Abb. 18 Grafische Darstellung des Zusammenhanges zwischen den Energiemeßwerten E_n und den Wandstärken V_n entsprechend der angenommenen Wachstumsfunktion

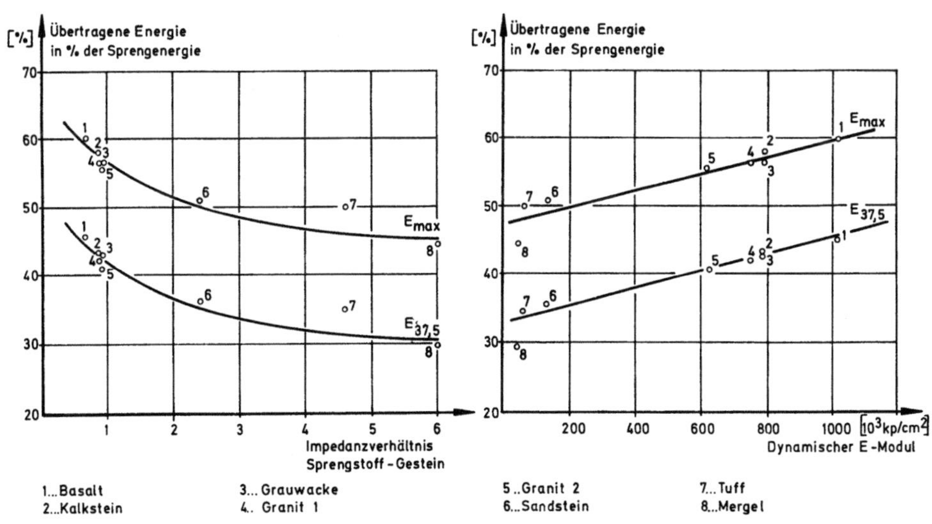

Abb. 19 Abhängigkeit der übertragenen Energie vom Impedanzverhältnis und dynamischen E-Modul

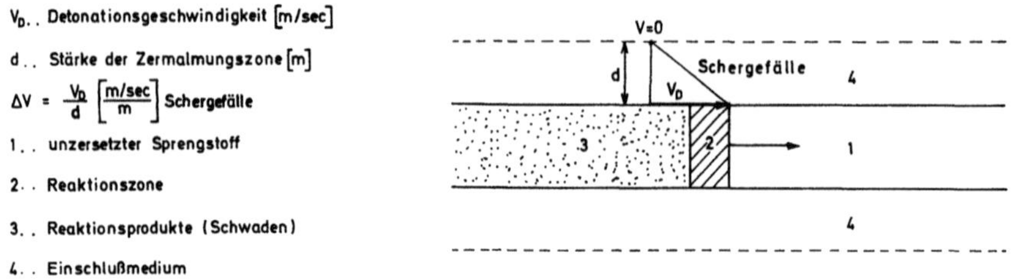

Abb. 20 Das Schergefälle in der Umgebung einer eingeschlossenen, detonierenden Ladung

Forschungsberichte des Landes Nordrhein-Westfalen

Herausgegeben im Auftrage des Ministerpräsidenten Heinz Kühn
von Staatssekretär Professor Dr. h. c. Dr. E. h. Leo Brandt

Sachgruppenverzeichnis

Acetylen · Schweißtechnik
Acetylene · Welding gracitice
Acétylène · Technique du soudage
Acetileno · Técnica de la soldadura
Ацетилен и техника сварки

Arbeitswissenschaft
Labor science
Science du travail
Trabajo científico
Вопросы трудового процесса

Bau · Steine · Erden
Constructure · Construction material ·
Soil research
Construction · Matériaux de construction ·
Recherche souterraine
La construcción · Materiales de construcción ·
Reconocimiento del suelo
Строительство и строительные материалы

Bergbau
Mining
Exploitation des mines
Minería
Горное дело

Biologie
Biology
Biologie
Biolog'a
Биология

Chemie
Chemistry
Chimie
Quimica
Химия

Druck · Farbe · Papier · Photographie
Printing · Color · Paper · Photography
Imprimerie · Couleur · Papier · Photographie
Artes gráficas · Color · Papel · Fotografía
Типография · Краски · Бумага · Фотография

Eisenverarbeitende Industrie
Metal working industry
Industrie du fer
Industria del hierro
Металлообработывающая промышленность

Elektrotechnik · Optik
Electrotechnology · Optics
Electrotechnique · Optique
Electrotécnica · Optica
Электротехника и оптика

Energiewirtschaft
Power economy
Energie
Energía
Энергетическое хозяйство

Fahrzeugbau · Gasmotoren
Vehicle construction · Engines
Construction de véhicules · Moteurs
Construcción de vehículos · Motores
Производство транспортных средств

Fertigung
Fabrication
Fabrication
Fabricación
Производство

Funktechnik · Astronomie
Radio engineering · Astronomy
Radiotechnique · Astronomie
Radiotécnica · Astronomía
Радиотехника и астрономия

GPSR Compliance

The European Union's (EU) General Product Safety Regulation (GPSR) is a set of rules that requires consumer products to be safe and our obligations to ensure this.

If you have any concerns about our products, you can contact us on ProductSafety@springernature.com

In case Publisher is established outside the EU, the EU authorized representative is:

Springer Nature Customer Service Center GmbH
Europaplatz 3
69115 Heidelberg, Germany

Batch number: 10584556

Printed by Printforce, the Netherlands